+ 똑똑한 파이썬은?

— 목적

· 초·중학생 주니어의 파이썬 독학을 위한 책

· 부모님과 자녀가 함께 코딩을 공부하는 책

· 학교와 학원 등 교육기관의 코딩 수업에 적합한 책

— 특징

· 쉽고 재미있는 예제가 많아 즐겁게 코딩을 공부할 수 있습니다.

· 코딩을 공부하면 논리력과 문제 해결 능력을 향상시킬 수 있습니다.

· 온라인 코딩스쿨(http://codingschool.info)을 통해 저자와 소통합니다.

CODING

주니어를 위한 최적의 코딩 학습서

똑똑한 파이썬

개정판

http://codingschool.info

황재호 황예린 지음

똑똑한 파이썬 [개정판]

주니어를 위한 최적의 코딩 학습서

초판 ㅣ 2021년 6월 1일
2쇄 ㅣ 2022년 9월 15일
지은이 황재호 황예린
펴낸곳 인포앤북(주) ㅣ 전화 031-307-3141 ㅣ 팩스 070-7966-0703
        경기도 용인시 수지구 풍덕천로 89 상가 가동 103호
등록 제2019-000042호 ㅣ ISBN 979-11-964409-8-5
가격 18,000원 ㅣ 페이지 320쪽 ㅣ 책 규격 182 mm x 235 mm

이 책에 대한 오탈자나 의견은 저자 홈페이지나 이메일로 알려주세요.
잘못된 책은 구입하신 서점에서 교환해 드립니다.

저자 홈페이지 http://codingschool.info | 이메일 goldmont@naver.com
인포앤북(주) 홈페이지 http://infonbook.com | 이메일 book@infonbook.com

코딩과 관련된 분야에서 펴내고 싶은 아이디어나 원고가 있으시면
인포앤북(주) 홈페이지의 문의 게시판이나 이메일로 문의해 주세요.

독자 후기
코딩이 처음인 아이들에게 이 책을 추천합니다!

안영미
중학교 정보교사

초등학교에서 블록코딩으로 알고리즘의 기초를 배우고 난 후 텍스트 코딩 단계에 들어서면서 아이들이 어려워하는 면이 있는데 이 책은 예제가 쉽고 재미있게 구성되어 있어 학생들이 즐겁게 공부할 수 있을 것 같아요. 내용이 단계별로 잘 짜여져 있어 학습 동기를 부여하는 데도 큰 효과가 있을 것 같습니다. 프로그래밍에 대한 기초가 없어도 자유 학기 시간이나 자율 동아리를 통해 프로그래밍을 배우려는 중학생들에게 아주 좋은 교재인 것 같습니다.

아이는 중학교에서 코딩을 배우고 있는데 컴퓨터에 대해 잘 모르는 제가 우연한 기회에 이 책을 접하게 되었습니다. 코딩에 대한 지식과 정보를 얻기 어려운 엄마 입장에서 이 책을 읽어보니 아이가 재미있게 코딩을 공부할 수 있겠단 생각이 들었습니다. 실습 위주의 구성과 귀여운 동물 일러스트들이 있는 책의 편집도 맘에 듭니다. 저와 같이 자녀의 코딩 공부에 고민 중인 학부모님께 이 책을 추천합니다.

최진영
중학생 학부모

김선미
초등생 학부모

엄마와 아이가 함께 배우기에 적합한 교재를 찾고 계시다면 이 책을 추천합니다. 저자가 운영하는 코딩스쿨 사이트를 통해 공부하다가 막히는 부분에 대한 피드백을 받아볼 수 있는 것도 좋은 것 같아요. 학교에서도 의무 교육으로 코딩을 배울 수 있다고 하지만, 이 책을 통해 기초를 단단히 하여 컴퓨터 언어에 대한 흥미가 더해진다면 더 나은 학습 효과를 기대할 수 있을 것입니다.

파이썬을 가르치기 위해 여러 교재를 보고 고민을 했지만 이 책은 프로그래밍 진행 과정과 알고리즘들을 보기 쉽게 시각화하는 설명들이 많고 다양한 예제들이 있어서 학생들이 쉽게 이해할 것 같습니다. 파이썬을 처음 접하는 학생들이 재미있게 코딩을 공부할 수 있을 것으로 생각되어 파이썬 코딩과 알고리즘을 강의하고자 하는 선생님들께 이 교재를 추천합니다.

노재형
학원 교사

책의 학습 방법

1 코딩 학습은 반드시 컴퓨터로 실습하면서 해주세요!

2 학습 순서

　기본 문법 이해 → 예제 실습 → 코딩해보기 직접 코딩 → 연습문제 풀기

3 막히는 부분은 저자 홈페이지의 게시판이나 쪽지로 질문해 주세요!

책의 예제 파일

이 책의 모든 프로그램 예제와 연습문제 정답 파일은 다음의 사이트에서 다운로드 받을 수 있어요!

· 저자 홈페이지 : http://codingschool.info

· 인포앤북(주) 홈페이지 : http://infonbook.com

황재호

이 책은 2019년 출간된 『똑똑한 파이썬』의 개정판으로 파이썬이 처음인 초중학생을 대상으로 문제 풀이 위주로 파이썬을 재미있게 공부할 수 있도록 고안되었습니다.

이번 개정판에서는 기존의 책이 가지고 있던 장점인 아이들에게 친근한 일러스트 편집, 쉬운 예제 중심의 학습 등은 그대로 유지하고 군데군데 재미있는 예제를 추가하였습니다. 그리고 책의 마지막 부분에는 아이들이 좋아하고 코딩 학습에 유용한 파이썬 터틀 그래픽을 14장과 15장의 두 챕터에 걸쳐 새롭게 추가하였습니다.

아무쪼록 아이들이 이 책으로 파이썬 코딩을 재미있게 공부하여 우리나라의 소프트웨어 핵심 인재로 성장할 수 있는 버팀목이 되길 바랍니다.

황예린

코딩에 대한 관심이 빠르게 증가하고 있지만, 처음 코딩을 접하는 사람들은 막연하게 느껴질 수 밖에 없습니다. 이 책이 그러한 모든 사람들에게 유용한 시작점이 되었으면 좋겠습니다. 단순히 파이썬의 기초 문법을 익히는 것뿐만 아니라, 이를 통해 생각하고 응용할 수 있는 기반을 마련할 수 있으리라 생각합니다.

이 책의 쉽고 다양한 예제로 재미있게 공부하면서 비슷한 예제를 스스로 만들어보는 것도 학습에 좋은 방법입니다. 이 책이 아이들 코딩 학습에 많은 도움이 되길 바랍니다.

책의 목차

4장　연산자 57

1장

파이썬과 프로그램 설치

01. 파이썬이란?

1 코딩이란?

코딩은 컴퓨터 프로그램을 짜는 일을 의미하며 '프로그래밍'과 같은 말입니다. 프로그래밍은 컴퓨터가 어떤 작업을 수행하게 하는 명령어를 한 줄씩 작성하는 것을 말합니다.

그리고 프로그래머는 이러한 프로그래밍을 하는 사람을 지칭하는 말입니다.

코딩과 프로그래밍은 동의어 !

2 프로그래밍 언어

컴퓨터가 뭔가를 할 수 있도록 지시하기 위해서, 즉 프로그래밍을 하기 위해서는 프로그래밍 언어가 필요합니다.

컴퓨터를 동작시키는 프로그램을 작성하는 데 필요한 것이 바로 프로그래밍 언어입니다.

3 파이썬 언어

국어, 영어, 중국어 등의 언어가 존재하는 것과 같이 컴퓨터 프로그래밍 언어에도 파이썬, C, C++, 자바, HTML/CSS, 자바스크립트, PHP 등 무수히 많은 컴퓨터 언어가 있습니다.

파이썬은 1990년대에 개발된 세계에서 가장 인기있는 언어 중 하나입니다.

4 왜 파이썬으로 코딩을 시작해야 하는가?

엉첨 쉽당~~~

(1) 파이썬은 쉽다! 재미있다!

파이썬 명령어는 쉬운 영어 단어와 숫자 등으로 구성되어 있어서 직관적이고 무척 배우기 쉽습니다.

스크래치와 같은 교육용 프로그래밍 언어를 배우듯이 쉽고 재미있게 코딩을 공부할 수 있습니다.

(2) 파이썬은 강력하다! 널리쓰인다!

파이썬은 구글, NASA, 아마존, 네이버, 카카오톡 등의 기업과 기관에서 주력으로 사용하는 컴퓨터 언어 중 하나입니다.

또한 요즘 인공지능에 대한 사회적 열풍이 불고 있는데 인공지능 프로그램을 개발하는 데 가장 적합한 언어가 바로 파이썬입니다.

슈퍼 파워!!!

(3) 프로그램 개발이 편리하다!

아주 편리해!

파이썬은 개발자 인터넷 커뮤니티가 활성화되어 있어서 프로그램 작성 중 막히는 부분에 대해 다른 사람의 도움을 쉽게 받을 수 있어요.

그리고 파이썬은 한번 만든 코드를 재사용해서 쓰기도 쉬워 프로그램 개발이 훨씬 쉽습니다.

02. 파이썬 프로그램 설치

이 책을 이용하여 파이썬을 공부하고 실습하기 위해서는 먼저 파이썬 프로그램을 설치해야 합니다.

파이썬 사이트에 접속하여 설치 파일을 더블 클릭하면 쉽게 프로그램을 설치할 수 있습니다.

이 책은 파이썬 3.0을 기준으로 설명하고 있습니다. 파이썬 프로그램 설치에 대한 설명은 윈도우 10 운영체제와 인터넷 익스플로러 브라우저를 기준으로 합니다.

윈도우 7이나 크롬 브라우저를 사용하는 경우에도 설치 과정은 비슷하니 어렵지 않게 프로그램을 설치할 수 있을 것입니다.

Are you ready?

❶ 파이썬 사이트 접속하기

인터넷 익스플로러(또는 크롬) 브라우저를 열고 주소 창에 다음의 주소를 입력합니다.

http://python.org

파이썬 홈페이지 메인 화면에서 'Downloads' 메뉴를 클릭합니다.

클릭

위의 그림에서 'Downloads' 버튼을 클릭하면 파이썬 프로그램을 다운로드 받을 수 있는 화면이 나타납니다

2 파이썬 프로그램 다운로드 화면

다음의 다운로드 화면에서 'Download Python 3.9.4' 버튼을 클릭합니다.

클릭

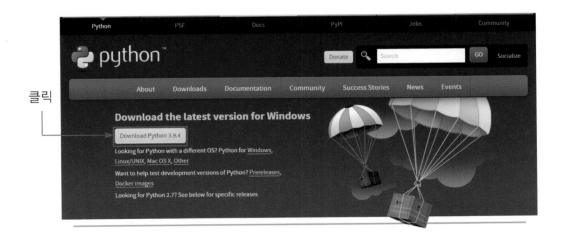

❸ 파이썬 설치 파일 실행

프로그램 설치 파일 실행을 위해 '실행' 버튼을 클릭합니다.

클릭

❹ 파이썬 설치 시작

파이썬 프로그램 설치를 시작하기 위해 'Install Now' 버튼을 클릭합니다.

클릭

프로그램 설치가 시작된 후 몇 분 정도 지나면 파이썬 프로그램 설치가 완료됩니다.

5️⃣ 파이썬 설치 완료

다음과 같이 프로그램 설치가 완료되었다는 메시지가 화면에 나타나면 'Close' 버튼을 클릭하여 창을 닫습니다.

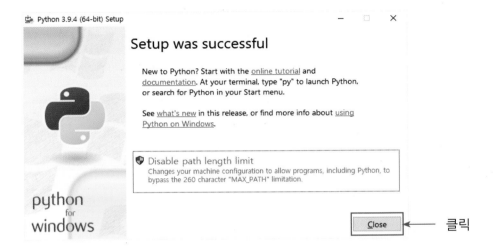

6️⃣ 파이썬 설치 확인하기

설치된 파이썬 프로그램을 실행하기 위해 컴퓨터 화면의 왼쪽 아래에 있는 윈도우 시작 아이콘(⊞)을 클릭해 보세요.

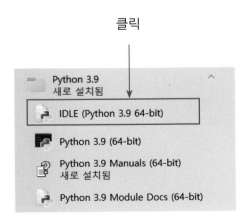

그리고 'Python 3.9' 아래에 있는 ' IDLE (Python 3.9 64-bit)'을 클릭하면 파이썬 프로그램이 실행됩니다.

파이썬 프로그래밍을 할 수 있는 IDLE 프로그램이 실행되면 다음과 같이 화면이 나타나게 됩니다.

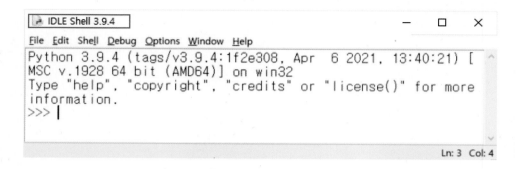

IDLE은 파이썬 프로그램을 개발하는 데 필요한 기본 프로그램으로써 '아이들'이라고 발음합니다. IDLE 프로그램의 자세한 설명과 사용법에 대해서는 2장에서 배울 것입니다.

지금 단계에서 아이들(IDLE)은 '파이썬 프로그램을 개발하는 데 필요한 소프트웨어이다.'이다 라고만 이해하면 됩니다.

앞으로 이 IDLE 프로그램을 이용하여 책에 수록된 모든 예제들을 실습하는 데 사용할 것입니다.

IDLE은 파이썬 프로그램을 개발하는 소프트웨어!

위의 그림 제일 위에 있는 'IDLE Shell 3.9.4 '에서 3.9.4는 현재 설치되어 있는 파이썬의 버전을 의미합니다.

자 그럼 IDLE 쉘에서 연습 삼아 다음과 같이 입력해 볼까요?

> ≣ IDLE Shell 3.9.4 Shell
>
> 〉〉〉 100 + 200   `Enter`
> 300
> 〉〉〉 50 * 20 – 300   `Enter`
> 700

IDLE 쉘의 〉〉〉 다음에 100 + 200을 입력하고 엔터 키를 치면 그 결과인 300이 나옵니다. 같은 방법으로 50 * 20 – 300을 키보드로 입력하고 실행하면 700이 화면에 출력됩니다.

연습문제 정답

Q1-1 정답 : ❹   Q1-2 정답 : ❸   Q1-3 정답 : ❶   Q1-4 정답 : ❶

연습문제 1장. 파이썬과 프로그램 설치

Q1-1. 다음은 코딩과 프로그래밍에 대한 설명이다. 거짓인 항목은?

❶ 코딩과 프로그래밍은 동의어이다.

❷ 프로그래밍은 컴퓨터 동작을 지시하는 명령어이다.

❸ 프로그래머는 프로그래밍을 전문으로 하는 사람을 지칭한다.

❹ 코딩은 컴퓨터의 지시를 받아서 작업하는 것이다.

Q1-2. 파이썬 언어에 대한 설명 중 잘못된 것은?

❶ 파이썬은 1990년도에 개발되었다.

❷ 파이썬은 세계에서 가장 인기있는 프로그래밍 언어 중 하나이다.

❸ 파이썬은 익히기 쉬운 언어이지만 성능은 그다지 뛰어나지 않다.

❹ 파이썬은 다른 프로그래밍 언어에 비해 초보자가 아주 쉽게 접근할 수 있다.

Q1-3. 파이썬 설치 프로그램을 제공하는 파이썬 공식 웹 사이트 주소는?

❶ http://python.org

❷ http://python.net

❸ http:/python.com

❹ http://python.kr

Q1-4. 다음 중 코딩 초보가 가장 배우기 쉬운 언어는?

❶ 파이썬   ❷ C

❸ 자바   ❹ PHP

> 연습문제 정답은 28쪽에서 확인하세요

2장

개발 프로그램(IDLE)

01. IDLE이란?

1장에서 설치한 아이들(IDLE) 프로그램은 파이썬으로 과학연산, 게임, 데이터 분석, 인공지능 등의 소프트웨어를 개발할 수 있는 기본 개발 프로그램 중의 하나입니다.

IDLE은 'Integrated Development and Learning Environment'의 약어로서 파이썬의 '통합 개발과 학습 환경'이라는 의미입니다.

이 책의 모든 예제들에 대해서도 IDLE 프로그램을 이용하여 실습을 진행합니다.

IDLE 프로그램은 크게 다음의 두 가지로 구성되어 있습니다.

---

(1) IDLE 쉘(IDLE Shell)
IDLE 쉘 창 안에 파이썬 명령을 직접 타이핑 하여 실행한 다음 그 결과를 화면에서 바로 확인하는 방식으로 프로그래밍을 공부할 수 있습니다.

(2) IDLE 에디터(IDLE Editor)
메모장과 비슷한 기능을 수행 합니다. IDLE 에디터에서는 파이썬 프로그램을 작성한 다음 파일로 저장하여 실행해 볼 수 있습니다,

---

IDLE은
IDLE 쉘과
IDLE 에디터로 구성!

다음 페이지부터 IDLE 쉘과 IDLE 에디터의 사용법에 대해 자세히 알아 보도록 하겠습니다.

02. IDLE 쉘 사용법

자 그럼 컴퓨터 화면 왼쪽 아래에 있는 프로그램 시작 아이콘(⊞)을 클릭하여 다음과 같이 IDLE 프로그램을 실행시켜 봅시다.

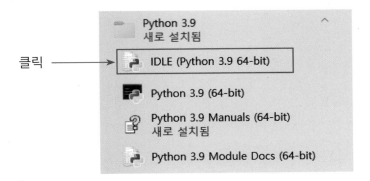

IDLE 프로그램이 실행되면 다음과 같은 IDLE 쉘(IDLE Shell) 창이 나타납니다.

```
IDLE Shell 3.9.4                                    —   □   ×
File  Edit  Shell  Debug  Options  Window  Help
Python 3.9.4 (tags/v3.9.4:1f2e308, Apr  6 2021, 13:40:21)
[MSC v.1928 64 bit (AMD64)] on win32
Type "help", "copyright", "credits" or "license()" for mo
re information.
>>> |
                                                    Ln: 3  Col: 4
```

IDLE 쉘 창에서는 우리가 직접 파이썬 명령을 입력하고 엔터 키를 쳐서 결과를 확인해 보면서 파이썬을 공부할 수 있습니다.

IDLE 쉘 창에 다음과 같이 입력하고 엔터 키를 눌러 보세요.

파이썬아! 이것 좀 계산해 봐!

>>> 1+2+3

目 IDLE Shell 3.9.4

>>> 1+2+3 [Enter]
6
>>>

위에서와 같이 IDLE 쉘 창의 >>> 다음에 '1+2+3'를 입력하고 엔터 키를 치면 그 결과인 6이 화면에 출력됩니다.

그리고 나서 IDLE 쉘은 다시 >>>를 화면에 표시하여 다음 명령을 받아들일 준비를 합니다.

Yes, Sir!

조금 더 연습을 해볼까요?

IDLE 쉘에서 다음과 같이 입력한 다음 엔터 키를 눌러 보세요.

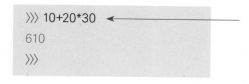

>>> 10+20*30 ◄——————
610
>>>

파이썬 언어에서 기호 *는 곱셈을 나타냅니다. 20*30이 먼저, 즉 곱셈(*)이 덧셈(+) 보다 먼저 계산되기 때문에 계산 결과가 610이 됩니다.

이번에는 IDLE 쉘 화면에 '안녕하세요~~~'를 출력해 볼까요?

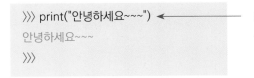
```
>>> print("안녕하세요~~~")
안녕하세요~~~
>>>
```

print() 함수는 괄호 안에 있는 내용, 즉 '안녕하세요~~~'를 IDLE 쉘 화면에 출력할 때 사용합니다.

함수는 어떤 기능을 수행하는 것!

TIPS 함수란?

print()와 같은 것들을 함수라고 부르는데 함수는 '어떤 기능을 수행하는 것'이라고 생각하면 됩니다.

print() 함수는 화면에 데이터를 출력하는 기능을 수행합니다.

IDLE 쉘에서 파이썬 명령을 잘못 입력하면 다음과 같이 오류가 발생합니다.

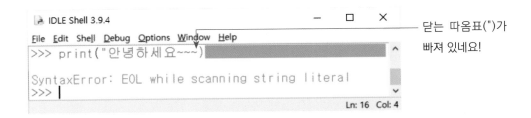

닫는 따옴표(")가 빠져 있네요!

위에서와 같이 '안녕하세요~~~'와 같은 문자를 사용할 때는 쌍 따옴표(") 또는 단 따옴표(')로 글자들을 감싸야 합니다.

※ 컴퓨터에서 "a", "hello", "안녕하세요.", '나는 학생입니다.', '010-1234-5678' 등의 문자를 문자열이라고 합니다.

앞에서는 "안녕하세요~~ 다음에 쌍 따옴표(")가 빠져 있어 오류가 발생한 것입니다.

만약 실습 중에 위와 같은 오류가 발생하면 입력한 파이썬 명령에 오류가 있는 것입니다. 오류를 수정한 후에 다시 실행하여 제대로 된 결과를 얻도록 해야 합니다.

TIPS 문자열이란?

파이썬을 포함한 프로그래밍 언어에서 문자열(String)은 하나 또는 여러 개의 문자를 의미합니다.

문자열을 사용할 때는 쌍 따옴표(") 또는 단 따옴표(')로 글자들을 감싸야 합니다.

문자열에 대해서는 3장에서 좀 더 자세히 공부합니다.

문자열은 하나 이상의 문자!

03. IDLE 에디터 사용법

02절에서와 같이 IDLE 쉘의 〉〉〉에서 직접 입력한 명령어들은 저장 되지 않기 때문에 IDLE 쉘 창을 닫으면 명령어들이 다 사라져 버립니다.

이 때 IDLE 에디터를 이용하면 우리가 파이썬으로 짠 프로그램을 파일로 저장할 수 있습니다.

쉘에서 타이핑한 명령이 다 사라졌네!ㅠㅠ

1 IDLE 에디터 창 열기

IDLE 쉘 창의 메뉴 File 〉 New File을 선택하여 IDLE 에디터를 열어 봅시다.

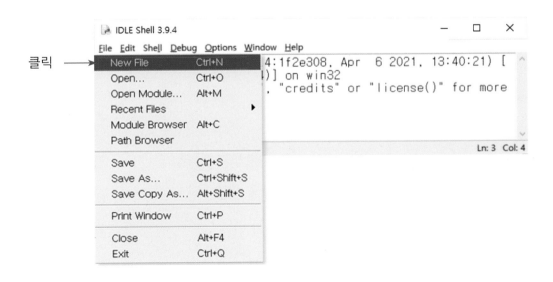

그러면 다음과 같이 IDLE 에디터 창이 화면에 나타납니다.

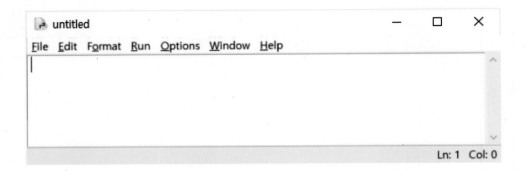

.IDLE 에디터는 프
로그램을 작성하고
파일로 저장!

TIPS IDLE 에디터란?

IDLE 에디터는 프로그램을 작성하고 파일로 저장
하는 데 사용됩니다.

IDLE 에디터는 책의 6장 이후부터의 예제들을 실
습하는 데 사용됩니다.

❷ IDLE 에디터에서 프로그램 작성/저장/실행하기

IDLE 에디터에서 파이썬 프로그램을 작성, 저장, 실행하는
과정은 다음과 같습니다.

코딩실력은 프로그램
을 짠 횟수와 비례!

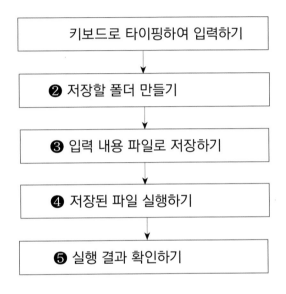

키보드로 타이핑하여 입력하기

❷ 저장할 폴더 만들기

❸ 입력 내용 파일로 저장하기

❹ 저장된 파일 실행하기

❺ 실행 결과 확인하기

키보드로 타이핑하여 입력하기

IDLE 에디터에서 아래와 같이 타이핑하여 프로그램 내용을 입력해 보세요!

Untitled
File Edit Format Run Options Window Help
print("파이썬 안녕!!!")

❷ 저장할 폴더 만들기

에서 입력한 내용을 파일로 저장하기 전에 다음과 같이 윈도우 탐색기를 이용하여 파일을 저장할 폴더를 만들어 보자.

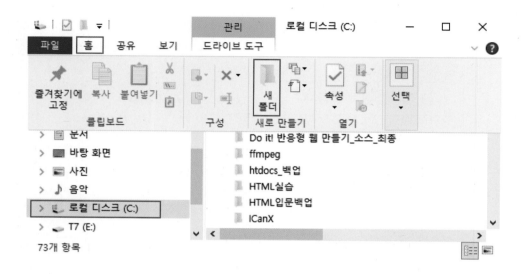

위에서 파일을 저장할 로컬 디스크 C:나 D: 등을 선택한 다음, '새 폴더' 아이콘을 클릭하면 새 폴더가 만들어집니다.

새로운 폴더의 이름으로 '파이썬실습'을 입력하고 엔터 키를 누르면 '파이썬실습' 폴더가 생성됩니다.

새로운 폴더 이름은 '파이썬실습'!

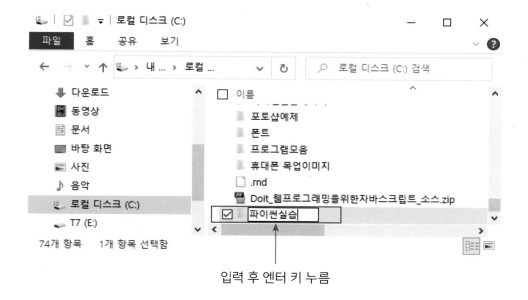

입력 후 엔터 키 누름

❸ 입력 내용 파일로 저장하기

IDLE 에디터에서 입력 내용을 파일로 저장하기 위해 메뉴에서 File 〉 Save를 선택합니다.

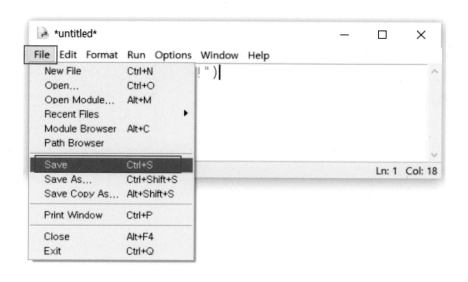

파일 선택 창이 열리면 앞의 ❷의 과정에서 만들어 놓은 '파이썬 실습' 폴더로 이동합니다.

'파일 이름(N) : ' 항목에 'hello.py'를 입력하고 '저장(S)' 버튼을 클릭합니다.

'hello.py' 이름으로 저장하자!

그러면 다음과 같이 IDLE 에디터 창의 제일 위에 저장된 파일 이름 'hello.py'가 화면에 표시됩니다.

저장된 파일명

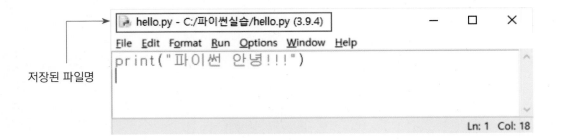

```
hello.py - C:/파이썬실습/hello.py (3.9.4)        —  □  ×
File  Edit  Format  Run  Options  Window  Help
print("파이썬 안녕!!!")

                                              Ln: 1  Col: 18
```

❹ 저장된 파일 실행하기

IDLE 에디터에서 'hello.py' 파일을 실행하기 위해서 메뉴 Run 〉 Run Module 를 선택합니다.

또는 키보드에서 단축키 F5를 누릅니다.

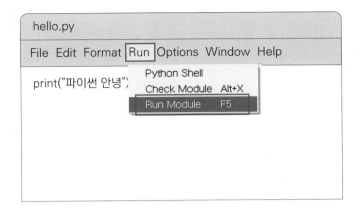

프로그램 실행
단축키는 F5!

❺ 실행 결과 확인하기

IDLE 에디터에서 F5를 눌러 'hello.py' 파일을 실행시키면 다음과 같이 프로그램을 실행한 결과가 IDLE 쉘 창에 나타납니다.

파이썬 안녕!!!

만약 위와 같은 결과를 얻지 못하고 오류가 발생하면 IDLE 에디터를 이용하여 잘못된 부분을 수정합니다.

그리고 다시 파일을 저장한 다음 F5를 눌러 재실행하여 제대로 된 결과가 화면에 나올 때까지 이 과정을 반복해야 합니다.

연습문제 정답

Q2-1 정답 : ❶   **Q2-2** 정답 : ❸   **Q2-3** 정답 : ❷

Q2-4 정답 : IDLE 쉘 창과 IDLE 에디터 창

연습문제 2장. 개발 프로그램(IDLE)

Q2-1. '통합 개발과 학습 환경'을 의미하는 파이썬 프로그래밍 실습에 필요한 프로그램은?

❶ IDLE

❷ 운영체제

❸ 메모장

❹ 인터넷 익스플로러

Q2-2. 다음은 IDLE에 관한 설명이다. 잘못된 것은?

❶ IDLE에 내장된 파이썬 쉘에서는 파이썬 명령을 직접 입력할 수 있다.

❷ IDLE 에디터에서는 프로그램을 작성하고 파일로 저장할 수 있다.

❸ IDLE 에디터를 이용하여 파이썬으로 그림을 그릴 수 있다.

❹ IDLE 에디터에서 저장하게 되는 파일의 확장자는 .py 이다.

Q2-3. IDLE 에디터에서 저장된 프로그램 소스 파일을 불러와 실행할 때 사용하는 단축키는?

❶ F10

❷ F5

❸ F12

❹ F1

Q2-4. IDLE을 구성하는 두 개의 창 이름은 무엇인가?

연습문제 정답은 44쪽에서 확인하세요

01. 변수란?

컴퓨터 과학에서 변수(Variable)는 데이터가 저장된 컴퓨터 메모리의 위치를 의미합니다.

변수는 데이터가 저장된 위치!

컴퓨터 메모리

	...
a	**15**
b	**2**
c	**17**
	...

위의 그림에서 컴퓨터 메모리에 저장된 데이터의 위치를 의미하는 a, b, c 와 같은 것을 우리는 변수라고 부릅니다.

IDLE 쉘에서 다음과 같이 직접 실습을 해볼까요?

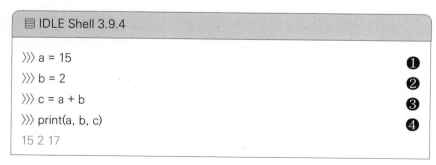

```
IDLE Shell 3.9.4

>>> a = 15                    ❶
>>> b = 2                     ❷
>>> c = a + b                 ❸
>>> print(a, b, c)            ❹
15 2 17
```

❶   a = 15

정수 15를 변수 a에 저장합니다.

> **TIPS 기호 =**
>
> 컴퓨터 프로그래밍에서 기호 =는 '같다'란 의미가 아니라 '오른쪽의 데이터를 왼쪽의 변수에 저장'하는 것입니다.

=는 데이터를 변수에 저장!

❷   b = 2

정수 2를 변수 b에 저장합니다.

❸   c = a + b

변수 a(값:15)와 변수 b(값:2)를 더한 결과인 17을 변수 c에 저장합니다.

❹   print(a, b, c)

print() 함수는 괄호 안에 있는 데이터나 변수의 값을 출력합니다. 변수 a, b, c의 값인 15 2 17을 화면에 출력합니다.

만약 IDLE 쉘에서 a = 5를 실행하면 변수 a의 값은 5가 되고, 그 다음 a = 10을 실행하면 변수 a는 이전에 5의 값을 갖는게 아니라 10의 값을 갖게 됩니다.

이와 같이 변수는 저장하는 데이터 값에 따라 변수 자신의 값이 변하게 됩니다.

02. 변수의 데이터 형

파이썬을 포함한 컴퓨터 언어에서 변수는 다양한 형태를 갖고 있습니다.

변수에서 많이 사용되는 데이터 형은 다음의 네 가지 입니다.

> 변수의 형에는 정수, 실수, 불런, 문자열이 있어요!

> (1) 정수(Integer)
>
> (2) 실수(Floating Point)
>
> (3) 불런(Boolean)
>
> (4) 문자열(String)

1 정수

정수는 23, 0, -17에서와 같이 음수, 양수, 그리고 0으로 구성됩니다.

```
≣ IDLE Shell 3.9.4

>>> num1 = 23
>>> num2 = 0
>>> num3 = -17
>>> print(num1, num2, num3)
23 0 -17
```

공백

※ 앞의 print(num1, num2, num3)에서와 같이 여러 개의 변수를 출력하면 각 항목들 사이에 공백이 하나씩 들어가게 된다는 점을 기억해 주세요.

❷ 실수

실수는 17.3, -22.56, 3.0, 3.14 등과 같이 소수점을 가진 숫자를 의미합니다.

```
▤ IDLE Shell 3.9.4

>>> num1 = 19.33
>>> num2 = 155.0
>>> num3 = -1.888
>>> num4 = 3.14
>>> print(num1, num2, num3, num4)
19.33 155.0 -1.888 3.14
```

❸ 불런

불런은 참과 거짓 중 하나의 값을 가집니다. 참은 True, 거짓은 False로 표현합니다.

```
▤ IDLE Shell 3.9.4

>>> a = True
>>> b = False
>>> print(a, b)
True False
```

※ 불런 형은 7장부터 배우게 되는 조건문과 반복문의 조건식에서 참/거짓을 판별하는 데 주로 사용됩니다.

4 문자열

문자열은 하나 또는 여러 개의 문자를 의미합니다.

"안녕하세요", "사과", "a", "school", "I am 16 years old", "010-206-3765" 등과 같이 문자열을 사용할 때는 문자 앞과 뒤에 쌍따옴표(") 또는 단따옴표(')를 사용합니다.

☰ IDLE Shell 3.9.4

```
>>> fruit = "사과"
>>> print(fruit)
사과
>>> fruit = '오렌지'
>>> print(fruit)
오렌지
>>> eng = "apple"
>>> print(eng)
apple
>>> eng = "I love you!"
>>> print(eng)
I love you!
```

03. 변수 이름

변수 이름은 영어 소문자/대문자, 밑줄(_), 숫자를 단독 또는 혼합하여 만듭니다.

📋 IDLE Shell 3.9.4

⟩⟩⟩ last_name = "황"
⟩⟩⟩ first_name = "재호"
⟩⟩⟩ print(last_name, first_name)
황 재호

변수명 만들기
· 영어 대소문자
· 밑줄(_)
· 숫자

정수와 실수에 사용된 변수의 예입니다.

📋 IDLE Shell 3.9.4

⟩⟩⟩ age = 15
⟩⟩⟩ thisYear = 2019
⟩⟩⟩ pi = 3.141592
⟩⟩⟩ fontSize = 12
⟩⟩⟩ print(age, thisYear, pi, fontSize)
15 2019 3.141592 12

위에서 사용된 변수 last_name, first_name, age, thisYear, font1, fontSize 등은 모두 잘 만들어진 유효한 변수 이름입니다.

※ 변수명에 특수문자(공백, #, %, &, ^, !, @ 등)를 사용하면 안됩니다.

　잘못된 변수명의 예 : time out, email@, temp#, name^^

다음 장에서는 파이썬의
연산자에 대해 공부해요~~~

연습문제 정답

Q3-1 정답 : ❹　　Q3-2 정답 : ❶　　Q3-3 정답 : ❸

Q3-4 정답 : ❶　　Q3-5 정답 : ❹　　Q3-6 정답 : ❷

연습문제 3장. 변수

Q3-1. 파이썬에서 변수에 대한 설명 중 잘못된 것은?

❶ 데이터가 저장된 메모리의 위치를 의미한다.

❷ 변수에 입력되는 데이터 값에 의해 변수의 형이 결정된다.

❸ 변수에 데이터 값을 저장하기 위해서는 = 기호를 사용한다.

❹ 변수의 형이 한 번 결정되면 그 형이 변경되지 않는다.

Q3-2. 변수에 데이터 값을 저장하기 위해 사용하는 기호는?

❶ =   ❷ ==   ❸ +   ❹ *

Q3-3. 다음 중 데이터 형이 다른 것은?

❶ 3.5   ❷ 1.38888   ❸ 10   ❹ -23.77

Q3-4. 참(Ture)과 거짓(False)을 나타내는 데 사용되는 데이터 형은?

❶ 불런   ❷ 정수   ❸ 실수   ❹ 문자열

Q3-5. 다음 중 문자열이 아닌 것은?

❶ "hello"   ❷ "토끼와 거북이"

❸ '010-2120-3344'   ❹ 120283

Q3-6. 다음 중 변수명이 잘못된 것은?

❶ todayDate   ❷ my name

❸ school123   ❹ toy_story

연습문제 정답은 54쪽에서 확인하세요

4장
연산자

01. 산술 연산자

파이썬을 포함한 프로그래밍 언어에서는 숫자의 계산을 위한 산술 연산자를 제공합니다. 파이썬에서 많이 사용하는 산술 연산자는 다음과 같습니다.

> (1) 사칙 연산자 : +, -, *, /
>
> (2) 거듭제곱 연산자 : **
>
> (3) 나머지 연산자 : %

산술 연산자는 숫자 계산에 사용되는 연산자!

1 사칙 연산자

사칙 연산에는 다음의 표에 나타난 것과 같이 더하기, 빼기, 곱하기, 나누기가 있습니다.

사칙 연산자	의미
+	더하기
−	빼기
*	곱하기
/	나누기

파이썬 쉘에서 사칙 연산을 이용한 실습을 해봅시다.

```
☰ IDLE Shell 3.9.4

》》》 x = 3+4-10
》》》 print(x)
-3
```

'3+4-10'에서와 같이 덧셈과 뺄셈은 왼쪽에서부터 순서대로 계산되어 결과 값 -3이 변수 x에 저장됩니다.

다음과 같은 연산을 파이썬 쉘에서 해볼까요?

5+5/2x2

```
☰ IDLE Shell 3.9.4

》》》 x = 5+5/2*2
》》》 print(x)
10.0
```

사칙연산에서는
곱셈과 나눗셈을
먼저 계산!

우리가 알고 있는 수학 연산에서와 같이 곱셈과 나눗셈은 덧셈과 뺄셈보다 먼저 계산됩니다.

따라서 '5/2*2'가 먼저 왼쪽에서부터 순서대로 계산되어 결과 값 5.0과 앞의 5가 더해져 10.0의 값이 변수 x에 저장됩니다.

프로그래밍 언어에서 사칙 연산의 순서를 정할 때는 수학에서와 마찬가지로 괄호를 사용하면 됩니다.

10 * (20 + (30 − 10))

📋 IDLE Shell 3.9.4

⟩⟩⟩ x = 10 * (20 + (30 − 10))
⟩⟩⟩ print(x)
400

※ 괄호는 소괄호(())만 사용하는 것에 주의해 주세요.

2 거듭제곱 연산자

거듭 제곱 연산은 다음의 표에 나타난 것과 같이 ** 기호를 사용합니다.

거듭제곱 연산자	의미
**	거듭제곱 계산

📋 IDLE Shell 3.9.4

⟩⟩⟩ 2**3
⟩⟩⟩ print(x)
8

2^3은 2**3과 같이 표현하고 변수 x의 값은 8이 됩니다.

❸ 나머지 연산자

우리는 2로 나눈 나머지가 0이면 짝수, 0이 아니면 홀수임을 알 수 있습니다. 이와 같이 나머지를 계산하는 데 사용되는 것이 나머지 연산자입니다.

나머지 연산에는 다음의 표에 나타난 것과 같이 % 기호를 사용합니다.

나머지 연산자	의미
%	나머지 계산

```
▤ IDLE Shell 3.9.4
⟩⟩⟩ x = 10%2                                              ❶
⟩⟩⟩ print(x)
0
⟩⟩⟩ x = 14%3                                              ❷
⟩⟩⟩ print(x)
2
```

❶　x = 10%2

'10%2'는 '10을 2로 나눈 나머지'를 의미합니다. 10을 2로 나누면 몫이 5가 되고 나머지는 0이 됩니다. 따라서 변수 x의 값은 0이 됩니다.

❷　x = 14%3

'14%3'은 '14를 3으로 나눈 나머지'를 의미하기 때문에 결과는 2가 됩니다.

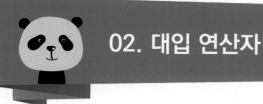

02. 대입 연산자

파이썬에서 가장 많이 사용되는 연산자 중 하나가 대입 연산자 =입니다.

x = 3

파이썬을 포함한 프로그래밍 언어에서 'x = 3'의 의미는 '변수 x는 3과 같다'는 의미가 아닙니다.

이것은 '변수 x에 3의 값을 대입한다'라는 것을 뜻합니다.

a = 10
변수 a에 10을 대입!

```
▤ IDLE Shell 3.9.4

>>> age = 15                      ❶
>>> name = "황예린"                ❷
>>> print(age, name)              ❸
15 황예린
```

❶ age = 15

변수 age에 정수 값 15를 대입, 즉 저장합니다.

❷ name = "황예린"

변수 name에 문자열 "황예린"을 대입합니다.

❸
```
print(age, name)
```

print() 함수로 변수 age와 변수 name의 값을 화면에 출력합니다.

이번에는 대입 연산자 +=에 대해 공부해 봅시다.

🗒 IDLE Shell 3.9.4

```
>>> x = 2                                                    ❶
>>> print(x)
2
>>> x += 1                                                   ❷
>>> print(x)
3
```

---

❶　　x = 2

변수 x에 2를 대입합니다.

❷　　x += 1

x +=1은 x = x+1과 동일한 명령입니다.

우변의 변수 x(값:2) 에 1을 더한 결과 값인 3를 좌변의
변수 x에 대입합니다.

x += 1 은
x = x + 1과 동일!

03. 문자열 연산자

문자열 연산자에는 문자열을 서로 연결하는 데 사용되는 연결 연산자와 문자열을
반복시키는 반복 연산자 두 가지가 있습니다.

1 연결 연산자 : +

숫자의 덧셈을 의미하는 + 기호가 문자열에 사용되면 문자열들
이 서로 연결되어 하나의 문자열로 합쳐지게 됩니다.

> 연결 연산자 : +
> 숫자에서는 더하기,
> 문자열에서는 문자
> 열 연결하기!

```
🗏 IDLE Shell 3.9.4

>>> color = "노란색"                                      ❶
>>> myColor = "나는 " + color +"을 좋아합니다."              ❷
>>> print(myColor)
나는 노란색을 좋아합니다.
```

❶   color = "노란색"

변수 color에 문자열 "노란색"을 저장합니다.

❷   myColor = "나는 " + color +"을 좋아합니다."

문자열 "나는 ", 변수 color, 문자열 "을 좋아합니다."를 서로 연결하여 하나의 문자열인

"나는 노란색을 좋아합니다."를 변수 myColor에 저장합니다.

2 반복 연산자 : *

숫자의 곱셈에 사용되는 * 기호가 문자열에 사용되면 이는 문자열을 반복시킵니다.
다음 예제를 살펴볼까요?

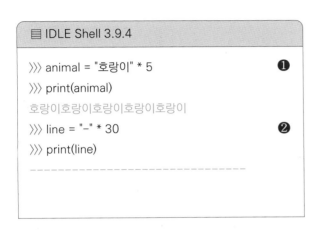

반복 연산자 : *
숫자에서는 곱하기,
문자열에서는 문자
반복시키기!

❶   animal = "호랑이" * 5

변수 animal은 "호랑이"가 5번 반복된 문자열 "호랑이호랑이호랑이호랑이호랑이"의 값을 가
집니다.

❷   line = "−" * 30

변수 line은 "−"이 30번 반복된 문자열 "──────────────────────────────"의 값을 가집
니다.

04. 문자열 추출과 길이

문자열은 정수, 실수와 더불어 자주 쓰이는 데이터 형이기 때문에 잘 알아두어야 합니다.
문자열에서 문자열 일부를 추출하고 문자열의 길이를 구하는 방법에 대해 알아봅시다.

1 문자열의 추출

다음 예제를 통하여 문자열 중에서 일부 문자열을 추출하는 방법에 대해 공부해 봅시다.

```
📋 IDLE Shell 3.9.4

>>> a = "hello"                                          ❶
>>> print(a)
hello
>>> print(a[0])                                          ❷
h
>>> print(a[1])                                          ❸
e
>>> print(a[4])                                          ❹
o
```

❶
```
a = "hello"
print(a)
```

변수 a에 문자열 "hello"를 저장하고 문자열 a를 화면에 출력합니다.

❷   print(a[0])

a[0]는 문자열 a에서 첫 번째 원소를 의미합니다. 따라서 "h"의 값을 갖게 됩니다.

여기서 0은 원소의 위치를 가리키는데 이를 '인덱스(index)'라고 부릅니다.

※ 문자열의 인덱스는 0부터 시작합니다. 인덱스 0은 첫 번째 원소, 1은 두 번째

원소, 2는 세 번째 원소, 3은 네 번째 원소를 가리키게 됩니다.

❸   print(a[1])

a[1]은 문자열 a의 두 번째 원소인 "e"의 값을 갖습니다.

❹   print(a[4])

a[4]는 문자열 a의 다섯 번째 원소인 "o"가 됩니다.

이번에는 문자열을 한꺼번에 여러 개 추출하는 방법에 대해 공부해 볼까요?

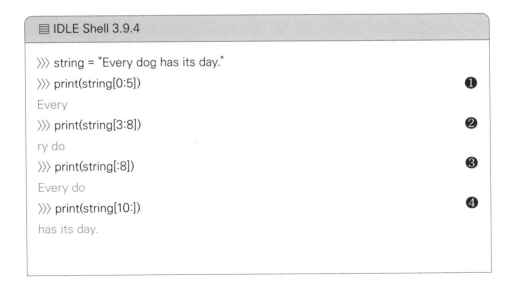

```
IDLE Shell 3.9.4

>>> string = "Every dog has its day."
>>> print(string[0:5])                    ❶
Every
>>> print(string[3:8])                     ❷
ry do
>>> print(string[:8])                      ❸
Every do
>>> print(string[10:])                     ❹
has its day.
```

❶ print(string[0:5])

string[0:5]는 인덱스 0부터 4(5미만)까지의 요소 값인 "Every"를 추출합니다.
print(string[0:5])는 "Every"가 화면에 출력됩니다.

❷ print(string[3:8])

string[3:8]는 인덱스 3부터 7까지의 요소 값, 즉 "ry do"를 추출합니다.

❸ print(string[:8])

string[:8]는 앞에서 부터 8개의 요소 값 "Every do"를 추출합니다.

❹ print(string[10:])

string[10:]는 인덱스 10부터 마지막까지의 요소 값인 "has its day."를 추출합니다.

② 문자열 길이 구하기

len() 함수을 이용하면 문자열의 길이를 구할 수 있습니다. 다음을 살펴 볼까요?

```
☰ IDLE Shell 3.9.4

⟩⟩⟩ a = "안녕하세요."
⟩⟩⟩ print("a의 길이 :", len(a))                    ❶
a의 길이 : 6
⟩⟩⟩ b = "Have a nice day!"
⟩⟩⟩ print("b의 길이 :", len(b))                    ❷
b의 길이 : 16
```

❶   len(a)

len(a)는 변수 a의 길이를 구합니다. 현재 a의 값은 문자열 "안녕하세요."이기 때문에 6이 됩니다. "안녕하세요."는 마침표(.)를 포함해서 6글자입니다.

❷   len(b)

len(b)는 변수 b의 값인 "Have a nice day!"의 길이를 의미하므로 16이 됩니다.
이 때 주의할 점은 공백 " "도 하나의 문자라는 것입니다. 공백을 포함하여 16글자라는 의미입니다.

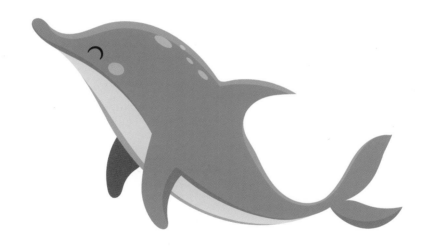

연습문제 정답

Q4-1 정답 : ❸   Q4-2 정답 : ❶   Q4-3 정답 : ❷   Q4-4 정답 : ❸

Q4-5 정답 : ❷

연습문제 4장. 연산자

Q4-1. 10%3과 3%10의 결과는 각각 무엇인가?

❶ 3, 3

❷ 1, 1

❸ 1, 3

❹ 1, 10

Q4-2. 파이썬 쉘에서 다음과 같은 명령을 실행하면 실행 결과는?

```
>>> a = 20
>>> b = 30
>>> c = 10 - 20 * 30
>>> c += 1
>>> d = a + b + c
>>> print(d)
```

❶ -539

❷ -541

❸ -590

❹ -249

Q4-3. 문자열의 길이를 구하는 데 사용되는 함수는?

❶ int()

❷ len()

❸ str()

❹ input()

Q4-4. 파이썬 쉘에서 다음과 같은 명령을 실행하면 실행 결과는?

```
>>> a = "-" * 30
>>> b = "=" * 20
>>> c = len(a) + len(b)
>>> print(c)
```

❶ 30

❷ 20

❸ 50

❹ 100

Q4-5. 파이썬 쉘에서 다음과 같은 명령을 실행하면 실행 결과는?

```
>>> a = "안녕하세요."
>>> b = "반갑습니다!"
>>> c = a + b
>>> d = c[7:]
>>> print(d)
```

❶ 안녕하세요.반

❷ 갑습니다!

❸ 반갑습니다!

❹ .반갑습니다!

연습문제 정답은 69쪽에서 확인하세요

5장

입력과 출력

01. 키보드 입력하기

프로그래밍을 하다 보면 컴퓨터 키보드로 값을 입력 받아 처리해야 하는 경우가 종종 생기게 됩니다.

1 문자열 입력하기

키보드로 문자열을 입력 받아 처리하는 다음의 예를 살펴볼까요?

키보드 입력에는 input() 함수 이용!

目 IDLE Shell 3.9.4

〉〉〉 animal = input("좋아하는 동물을 입력하세요 : ")   ❶
좋아하는 동물을 입력하세요 : 고양이   ❷
〉〉〉 print(animal)   ❸
고양이

---

❶   animal = input("좋아하는 동물을 입력하세요 : ")

input("좋아하는 동물을 입력하세요 : ")은 괄호 안의 메시지 "좋아하는 동물을 입력하세요 : "를 화면에 출력합니다.

그리고 나서 우리가 키보드로 데이터를 입력하길 기다립니다.

❷   좋아하는 동물을 입력하세요 : **고양이**

키보드로 '고양이'라고 입력하면 문자열 '고양이'가 변수 animal에 저장됩니다.

❸   print(animal)

변수 animal은 위에서 키보드로 입력한 문자열 '고양이'의 값을 가지기 때문에 print(animal)
은 화면에 '고양이'를 출력하게 됩니다.

❷ 정수 입력하기

키보드로 두 개의 정수를 입력받아 두 수의 합을 화면에 출력하는
다음의 예제를 살펴 볼까요?

int()는 문자열을
정수로 변환!

```
📋 IDLE Shell 3.9.4

>>> a = int(input("첫 번째 정수를 입력하세요 : "))    ❶
첫 번째 정수를 입력하세요 : 23                        ❷
>>> b = int(input("두 번째 정수를 입력하세요 : "))    ❸
두 번째 정수를 입력하세요 : 12
>>> c = a + b                                        ❹
>>> print(c)
35
```

❶   a = int(input("첫 번째 정수를 입력하세요 : "))

키보드로 첫 번째 정수에 해당되는 문자열을 입력받아 int() 함수
를 이용하여 정수로 변환한 다음 변수 a에 저장합니다.

키보드로 입력하는 것은 문자열이 되는군요!

❷
```
첫 번째 정수를 입력하세요 : 23
```

키보드로 23을 입력하면 위의 팁에서 설명한 것과 같이 문자열 "23"이 됩니다 . ❶의 int() 함수는 문자열 "23"은 정수 23으로 변환하여 변수 a에 저장합니다.

❸
```
b = int(input("두 번째 정수를 입력하세요 : "))
두 번째 정수를 입력하세요 : 12
```

키보드로 두 번째 정수를 입력받아 int() 함수를 이용하여 정수로 변환한 다음 변수 b에 저장합니다.

❹
```
c = a + b
print(c)
```

변수 a(값:23)와 변수 b(값:12)를 더한 결과 값인 35를 변수 c에 저장합니다.
print(c)는 변수 c의 값 35를 화면에 출력합니다.

02. 화면 출력하기

지금까지 데이터나 변수 값을 화면에 출력하는 데에 print() 함수를 사용하였습니다.
이번에는 이 print() 함수에 대해 좀 더 자세히 공부해 볼까요?

1 기본적인 print() 함수 사용법

print() 함수는 기본적으로 다음과 같이 괄호 안에 있는 변수나
데이터를 출력하는 역할을 수행합니다.

화면 출력에는
print() 함수 이용!

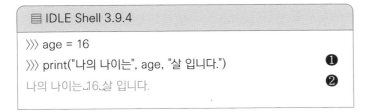

```
📋 IDLE Shell 3.9.4

>>> age = 16
>>> print("나의 나이는", age, "살 입니다.")        ❶
나의 나이는 16 살 입니다.                          ❷
```

❶ print("나의 나이는", age, "살 입니다.")

print() 함수의 괄호 안에는 문자열, 정수, 실수 등의 데이터와 변
수가 사용될 수 있습니다.

여기서 "나의 나이는"과 "살 입니다"는 문자열, age는 변수명입니
다. 각 항목을 구분할 때에는 콤마(,)가 사용됩니다.

❷ 나의 나이는 16 살 입니다.

❶에서와 같이 print() 함수에서 콤마를 사용하면 ❷에 나타난 것
과 같이 각 항목 사이에 공백이 하나 출력됩니다.

2 sep을 이용한 출력

키워드 sep을 이용하면 화면에 출력되는 각 항목 사이에 들어가는 문자열을 지정할 수 있습니다.

```
IDLE Shell 3.9.4
>>> num1 = "010"
>>> num2 = "1234"
>>> num3 = "4567"
>>> print(num1, num2, num3, sep = "-")          ❶
010-1234-4567
```

sep은 'seperator'
(구분자)의 약어!

TIPS 전화번호는 숫자일까 문자열일까?

컴퓨터에서 숫자(정수와 실수)는 연산을 할 수 있는 데이터 형을 의미합니다.

성적, 나이, 온도, 거리 등은 말 그대로 덧셈, 뺄셈 등의 연산을 적용될 수 있기 때문에 숫자로 처리하게 됩니다.

그러나 전화번호는 더하거나 빼지 않기 때문에 "010", "2222", "010-1111-2222" 등에서와 같이 문자열로 처리합니다.

따라서 문자열을 나타내는 쌍따옴표(")나 단따옴표(')를 사용해야 합니다.

전화번호는 문자열로 처리!

❶ print(num1, num2, num3, sep = "-")

휴대폰 번호의 각 숫자를 변수로 저장한 다음 print() 함수로 화면 출력 시 구분 기호 sep을 "-"로 설정하고 있습니다. 이렇게 해서 하이픈(-)으로 연결된 전화번호를 만들 수 있답니다.

이번에는 sep을 이용하여 오늘의 년, 월, 일을 변수에 저장한 다음 "년/월/일"과 같은 형태로 출력하는 방법을 공부해 볼까요?

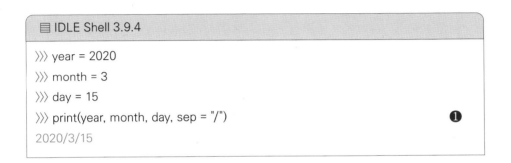

```
≡ IDLE Shell 3.9.4
⟩⟩⟩ year = 2020
⟩⟩⟩ month = 3
⟩⟩⟩ day = 15
⟩⟩⟩ print(year, month, day, sep = "/")          ❶
2020/3/15
```

❶ print(year, month, day, sep = "/")

키워드 sep을 "/"로 설정하면 ####/##/##와 같은 형태로 년월일을 출력할 수 있습니다 .

❸ 연결 연산자 +를 이용한 출력

print() 함수를 이용하여 화면 출력 시에 문자열 연결 연산자 +를 이용하면 편리하게 문자열을 출력할 수 있습니다.

📋 IDLE Shell 3.9.4

```
>>> age = 20
>>> print("나이 : " + str(age) + "세")        ❶
나이 : 20세
```

---

❶   print("나이 : " + str(age) + "세")

str()은 데이터 형을 문자열로 변환!

연결 연산자 +는 문자열 "나이 : ", str(age), "세"를 하나의 문자열로 만듭니다.

변수 age는 정수형이기 때문에 str() 함수를 이용하여 문자열로 변환하여야 합니다.

연결 연산자 +를 사용할 때는 연결되는 모든 항목들이 문자열이어야 합니다.

그렇지 않을 경우에는 다음과 같은 오류가 발생하게 된답니다.

```
IDLE Shell 3.9.4

>>> age = 20
>>> print("나이 : " + age + "세")                              ❶
Traceback (most recent call last):
  File "〈pyshell#29〉", line 1, in 〈module〉
    print("나이 : " + age + "세")
TypeError: can only concatenate str (not "int") to str
```

❶   print("나이 : " + age + "세")

"나이: "와 "세"는 문자열인데 반하여 변수 age는 정수 값 20을 갖기 때문에 오류가 발행하는
것입니다.

연결 연산자 +를 이용할 때에는 각 항목들이 모두 문자열의 데이터 형을 가져야 합니다.

TIPS   데이터 형 변환 함수

· int()
  데이터 형을 정수로 변환.
· float()
  데이터 형을 실수로 변환.
· str()
  데이터 형을 문자열로 변환.

데이터 형 변환함수
를 잘 기억하장~~~

4 %를 이용한 출력

프로그래밍을 할 때 처리 결과를 화면에 원하는 형태로 정확하게 출력해야 하는 경우가 자주
발생합니다. 이러한 경우에는 print() 함수를 이용한 출력 시 % 기호를 주로 사용합니다.

그럼 % 기호를 이용하여 다음과 같이 출력하는 연습을 해볼까요?

국어 : 80, 영어 : 85, 수학 : 92

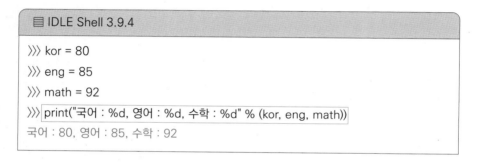

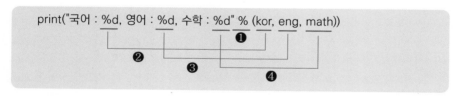

❶ % 기호를 중심으로 왼쪽에는 출력할 문자열, 오른쪽에는 문자열에 포함된 %d의 위치에
삽입되는 변수의 목록이 들어가게 됩니다.

❷ 국어 성적이 들어가는 첫 번째 %d의 위치에는 kor의 값 80이 들어갑니다.

❸ 영어 성적이 입력되는 두 번째 %d의 위치에는 eng의 값 85가 들어갑니다.

❹ 수학 성적이 입력되는 세 번째 %d의 위치에는 math의 값 92가 %d의 위치에 들어갑니다.

%d에서 'd'는 'digit'의 약어로 정수형 숫자를 의미합니다.
따라서 %d는 정수형 숫자를 출력하는 데 사용합니다.

이번에는 %를 이용하여 실수와 문자열을 출력하는 것에 대해
알아봅시다.

%d : 정수
%f : 실수
%s : 문자열

```
📋 IDLE Shell 3.9.4

>>> name = "안지영"
>>> height = 167.325
>>> print("%s님의 키는 %.1f cm 입니다." % (name, height))  ❶
안지영님의 키는 167.3 cm 입니다.
```

❶ %s에서 's'는 'string'의 약어로 문자열을 의미합니다. 따라서 %s
의 위치에 문자열 name의 값인 "안지영"이 출력됩니다.

%.1f에서 'f'는 'floating point'의 약어로 실수를 의미하고 '.1'은
소수점 첫째 자리까지만 화면에 출력하라는 의미입니다.

따라서 실행 결과에 변수 height의 소수 첫째 자리까지의 값
167.3이 출력됩니다.

지금까지 공부한 %d, %s, %f 등을 우리는 포맷팅 코드라고 부릅니다.

포맷팅 코드의 사용 예를 표로 정리하면 다음과 같습니다.

포맷팅 코드	의미
%d	정수
%s	문자열
%f	실수
%3d	3자리 정수
%5s	5자리 문자열
%.2f	소수점 둘째 짜리의 실수

위의 표에 있는 포맷팅 코드를 활용하는 연습을 좀 해볼까요?

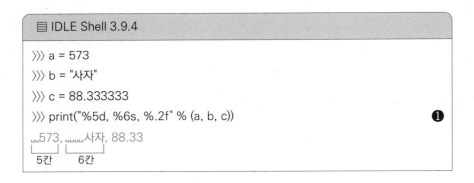

❶ 실행 결과에 나타난 것과 같이 %5d는 정수 5칸, %6s는 문자열 6칸의 자리
를 차지하게 됩니다.

그리고 %.2f는 소수점 둘째 자리까지만 표시합니다.

연습문제 정답

Q5-1 정답 : ❶   Q5-2 정답 : ❸   Q5-3 정답 : ❷   Q5-4 정답 : ❶

Q5-5 정답 : ❹   Q5-6 정답 : ❹

연습문제 5장. 입력과 출력

Q5-1. 키보드로 데이터를 입력 받을 때 사용하는 함수는?

❶ input()　　　　　　　　　❷ print()

❸ int()　　　　　　　　　　❹ str()

Q5-2. input() 함수를 이용하여 키보드로 입력 받은 데이터의 형은 무엇인가?

❶ 정수　　　　　　　　　　❷ 실수

❸ 문자열　　　　　　　　　❹ 불런

Q5-3. 30과 "30"의 데이터 형은 각각 무엇인가?

❶ 정수, 정수　　　　　　　❷ 정수, 문자열

❸ 문자열, 문자열　　　　　❹ 문자열, 문자열

Q5-4. print() 함수 사용 시 각 항목 사이에 삽입되는 특정 문자열을 지정하는 데 사용되는 옵션은?

❶ sep　　　　　　　　　　❷ insert

❸ %　　　　　　　　　　　❹ update

Q5-5. 파이썬 쉘에서 다음과 같은 명령을 실행하면 오류가 발생한다. 오류의 이유와 해결책을 설명한 것 중 거짓된 항목은?

```
>>> a = input("숫자를 입력하세요 : ")
숫자를 입력하세요 : 30
>>> b = a + 50
```

❶ 키보드로 입력 받은 변수 a는 문자열이기 때문이다.

❷ 50은 정수인 반면에 변수 a는 문자열이기 때문에 + 연산을 수행할 수 없다.

❸ int() 함수를 이용하여 a를 정수로 변환하여야 한다.

❹ str() 함수를 이용하여 a를 문자열로 변환하여야 한다.

Q5-6. 실수의 전체 자리수가 10자리이고 소수점 둘째 자리까지 표시하는 포맷팅 코드는?

❶ %10.2s   ❷ %10.2df

❸ %10f.2   ❹ %10.2f

연습문제 정답은 85쪽에서 확인하세요

6장
기초 코딩
- 도형넓이·단위환산·거스름돈 -

01. 도형 넓이 구하기

코딩의 고수가 되기 위해서는 무엇보다 프로그램을 많이 짜봐야 합니다.

지금까지 배운 지식을 토대로 삼각형의 넓이를 구하는 프로그램을 작성해 봅시다.

1 삼각형의 넓이 구하기

삼각형의 넓이를 구하는 방법은 다음과 같습니다.

삼각형의 넓이 = 밑변의 길이 × 높이 / 2

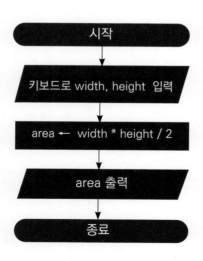

본격적인 코딩 공부 시작이당~~~

자 그럼 실제로 삼각형의 넓이를 구하는 프로그램을 작성해 봅시다.

지금부터는 IDLE 쉘이 아니라 IDLE 에디터를 이용하여 프로그램을 작성한 다음 파일로 저장하고 실행하는 방식으로 실습을 진행할 것입니다.

※ IDLE 에디터를 이용하여 프로그램을 작성하고 파일로 저장하는 방법에 대한 자세한 설명은 2장 37쪽을 참고해 주세요.

IDLE 에디터에서 키보드를 이용하여 다음의 내용을 입력한 다음 'triangle.py'란 파일 이름으로 저장합니다.

---

triangle.py

File Edit Format Run Options Window Help

```
width = float(input("삼각형 밑변의 길이를 입력하세요: "))        ❶
height = float(input("삼각형 높이를 입력하세요: "))              ❷

area = width * height / 2                                   ❸

print("삼각형의 넓이 : %.1f cm2" % area)                      ❹
```

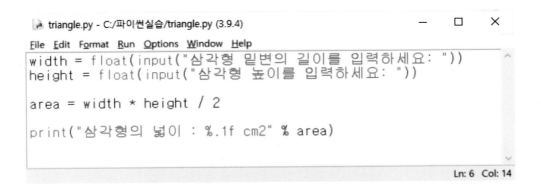

앞에서와 같이 IDLE 에디터에서 작성한 프로그램을 저장한 다음 단축키 F5 키를 누르면 프로그램이 실행되어 다음과 같은 결과를 IDLE 쉘 화면에 보여줍니다.

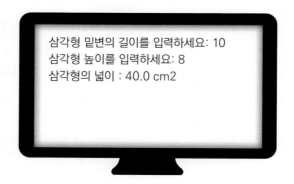

삼각형 밑변의 길이를 입력하세요: 10
삼각형 높이를 입력하세요: 8
삼각형의 넓이 : 40.0 cm2

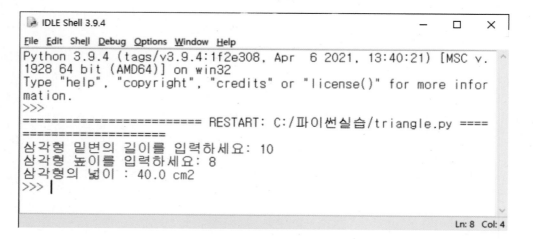

❶   width = float(input("삼각형 밑변의 길이를 입력하세요: "))

키보드로 삼각형의 밑변의 길이를 입력 받아 float() 함수를 이용하여 실수로 변환하여 width에 저장합니다.

❷   height = float(input("삼각형 높이를 입력하세요: "))

❶에서와 같은 방법으로 삼각형의 높이를 입력 받아 실수로 변환한 다음 height에 저장합니다.

❸
```
area = width * height / 2
```

삼각형의 넓이를 계산하여 area에 저장합니다.

❹
```
print("삼각형의 넓이 : %.1f cm2" % area)
```

실행 결과에 나타난 것과 같이 '삼각형의 넓이 : 40.0 cm2'를 출력(밑변의 길이와 높이로 각각 10과 8이 입력되었다고 가정)합니다.

② 원의 넓이 구하기

원의 넓이을 구하는 공식은 다음과 같습니다.

반지름(r)

원의 넓이 = 반지름 × 반지름 × 3.14

원의 넓이 : πr^2

---

circle.py

File Edit Format Run Options Window Help

```
r = float(input("원의 반지름을 입력하세요: "))                              ❶
area = r * r * 3.14                                                   ❷

print("원의 넓이 : %.2f cm2" % area)                                     ❸
```

원의 반지름을 입력하세요: 15
원의 넓이 : 706.50 cm2

❶ r = float(input("원의 반지름을 입력하세요: "))

키보드로 원의 반지름을 입력 받아 실수로 변환하여 r에 저장합니다.

❷ area = r * r * 3.14

원의 넓이를 구하는 공식을 이용하여 원의 넓이를 계산하여 area에 저장합니다.

❸ print("원의 넓이 : %.2f cm2" % area)

실행 결과에 나타난 것과 같이 원의 넓이를 IDLE 쉘 화면에 출력합니다.

❸ 사다리꼴의 넓이 구하기

윗변의 길이

높이

밑변의 길이

사다리꼴의 넓이를 구하는 공식은 다음과 같습니다.

사다리꼴의 넓이 = ((밑변의 길이 + 윗변의 길이) x 높이) / 2

---

ladder.py

File Edit Format Run Options Window Help

```
top = float(input("사다리꼴 윗변의 길이를 입력하세요: "))      ❶
bottom = float(input("사다리꼴의 밑변의 길이를 입력하세요: "))
height = float(input("사다리꼴의 높이를 입력하세요: "))


area = ( (top + bottom) * height ) / 2                      ❷


print("사다리꼴의 넓이 : %.1f cm2" % area)                    ❸
```

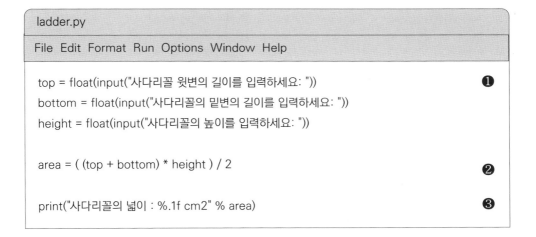

```
사다리꼴 윗변의 길이를 입력하세요: 10
사다리꼴의 밑변의 길이를 입력하세요: 8
사다리꼴의 높이를 입력하세요: 5
사다리꼴의 넓이 : 45.0 cm2
```

❶

```
bottom = float(input("사다리꼴의 밑변의 길이를 입력하세요: "))
top = float(input("사다리꼴 윗변의 길이를 입력하세요: "))
height = float(input("사다리꼴의 높이를 입력하세요: "))
```

키보드로 사다리꼴 밑변의 길이, 윗변의 길이, 높이를 입력받아 각각 bottom, top, height에 저장합니다.

❷

```
area = ( (bottom + top) * height ) / 2
```

사다리꼴의 넓이를 구하는 공식을 이용하여 넓이를 계산하여 area에 저장합니다.

❸

```
print("사다리꼴의 넓이 : %.1f cm2" % area)
```

실행 결과에 나타난 것과 같이 사다리꼴의 넓이를 화면에 출력합니다.

직접 코딩해보기

6-1. 마름모의 가로와 대각선의 길이를 키보드로 입력 받아 넓이를 구하는 프로그램을 작성하시오. ※ 마름모 넓이 = 대각선의 가로 x 대각선의 세로 / 2

6-2. 원기둥의 반지름과 높이를 입력 받아 부피를 구하는 프로그램을 작성하시오.
※ 원기둥 부피 = 3.14 x 반지름 x 반지름 x 높이

02. 단위 환산하기

신체나 옷의 치수를 이야기할 때 센티미터 혹은 인치를 사용하고, 무게의 단위는 일반적으로 킬로그램을 사용하는데 종종 파운드가 사용될 때도 있습니다.

길이와 무게 단위에 대한 환산법을 공부해 봅시다.

① 인치를 센티미터로 변환

인치를 센티미터로 환산하는 공식은 다음과 같습니다.

센티미터 = 인치 x 2.54

인치에 2.54를 곱하면 센티미터가 돼요!

```
inch2cm.py

File Edit Format Run Options Window Help

inch = float(input("인치를 입력하세요: "))
cm = inch * 2.54                              ❶

print()                                       ❷
print("인치 : %.1f" % inch)                    ❸
print("센티미터 : %.1f" % cm)
```

```
인치를 입력하세요: 24

인치 : 24.0
센티미터 : 61.0
```

❶
```
cm = inch * 2.54
```

키보드로 입력된 인치에 2.54를 곱한 다음 변수 cm에 저장합니다.

❷
```
print()
```

print() 함수는 실행 결과 화면에 나타난 것과 같이 빈 줄을 하나 삽입합니다.

❸
```
print("인치 : %.1f" % inch)
print("센티미터 : %.1f" % cm)
```

실행 결과 화면에 나타난 것과 같이 키보드로 입력된 인치와 변환된 센티미터 값을 출력합니다.

❷ 킬로그램을 파운드로 변환

킬로그램을 파운드로 환산하는 공식은 다음과 같습니다.

파운드 = 킬로그램 x 2.2046

킬로그램에 2.2046
를 곱하면 파운드!

kg2pound.py

File Edit Format Run Options Window Help

```
kg = float(input("킬로그램을 입력하세요: "))
pound = kg * 2.2046

print()
print("킬로그램 : %.2f" % kg)
print("파운드 : %.2f" % pound)
```

```
킬로그램을 입력하세요: 25

킬로그램 : 25.00
파운드 : 55.12
```

킬로그램을 파운드로 환산하는 것은 앞의 인치를 센티미터로 변환하는 경우와 거의 같기 때문에 프로그램의 상세한 설명은 생략합니다.

❸ 화씨를 섭씨로 변환

화씨 온도를 섭씨 온도로 환산하는 공식은 다음과 같습니다.

> 섭씨 = 5/9 x (화씨 – 32)

```
f2c.py

File  Edit  Format  Run  Options  Window  Help

F = float(input("화씨 온도를 입력하세요: "))
C = 5 / 9 * (F - 32)                          ❶

print()
print("-" * 15)                               ❷
print("화씨    섭씨 ")
print("-" * 15)
print("%.1f   %.1f" % (F, C))                 ❸
```

화씨는 미국, 섭씨는 우리나라!

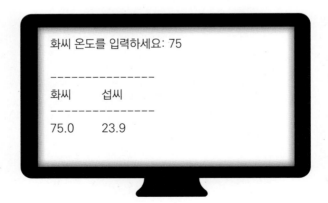

```
화씨 온도를 입력하세요: 75

---------------
화씨      섭씨
---------------
75.0     23.9
```

❶
```
C = 5 / 9 * (F – 32)
```

화씨 온도를 나타내는 변수 F에 환산 공식을 적용하여 얻은 값을 섭씨 온도를 나타내는 변수 C에 저장합니다.

❷
```
print("-" * 15)
```

문자열 "-"를 15번 반복하여 출력하게 됩니다. 실행 결과에서와 같이 화면에 문자열 "---------------"이 나타나게 됩니다.

❸
```
print("%.1f      %.1f" % (F, C))
```

실행 결과에서와 같이 화씨 온도 F와 그에 대응하는 섭씨 온도 C를 화면에 출력합니다.

6-3. 마일(mile)을 키보드로 입력 받아 킬로미터(km)로 환산하는 프로그램을 작성하시오.
※ 킬로미터(km) = 마일(mile) x 1.609344

6-4. 달러($)를 키보드로 입력 받아 우리나라 원화(원)로 환산하는 프로그램을 작성하시오. ※ 원화 = 달러 x 1130

03. 거스름돈 계산하기

우리가 가게에서 물건을 살 때 돈을 내면 주인이 거스름돈을 거슬러줍니다. 파이썬으로 이 거스름돈을 계산하는 프로그램을 작성해 봅시다.

예를 들어, 600원 짜리 물건 3개를 사고 2,000원을 내면 거스름돈은 200원이 됩니다.

이를 공식으로 나타내 보면 다음과 같습니다.

거스름돈 = 지불금액 - (물건값 × 구매개수)

> 거스름돈 계산도 공식에 대입하면 끝!

---

change.py

File Edit Format Run Options Window Help

```python
pay = int(input("지불 금액을 입력하세요: "))
price = int(input("물건 값을 입력하세요: "))
num = int(input("구매 개수를 입력하세요: "))      ❶
change = pay - (price * num)                      ❷

print()
print("지불 금액 : %d" % pay)
print("물건 값 : %d" % price)
print("구매 개수 : %d" % num)                     ❸
print("-" * 15)
print("거스름돈은 %d원 입니다." % change)
```

```
지불 금액을 입력하세요! 3000
물건 값을 입력하세요! 800
구매 개수를 입력하세요! 3

지불 금액 : 3000
물건 값 : 800
구매 개수 : 3
----------------
거스름돈은 600원 입니다.
```

❶ 키보드로 지불 금액, 물건 값, 구매 개수를 입력 받아 int() 함수를 이용하여 정수로 변환한 다음 각각 pay, price, num에 저장합니다.

❷ 거스름돈 계산 공식에 의해 계산을 하여 그 값을 거스름돈을 나타내는 변수 change에 저장합니다.

❸ 실행 결과에 나타난 것과 같이 지불 금액, 물건 값, 구매 개수, 거스름돈을 화면에 출력합니다.

연습문제 정답

Q6-1 정답 : bottom * height, area
Q6-2 정답 : mile, mile

연습문제 6장. 기초 코딩

Q6.1 평행사변형 밑변의 길이와 높이를 키보드로 입력받아 넓이를 구하는 프로그램을 작성하시오.

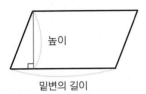

높이

밑변의 길이

✅ 힌트 : 평행사변형의 넓이 = 밑변의 길이 × 높이

🖥 실행결과

평행사변형 밑변의 길이를 입력하세요: 10
평행사변형 높이를 입력하세요: 20
평행사변형의 넓이 : 200 cm2

```python
bottom = int(input("평행사변형 밑변의 길이를 입력하세요: "))
height = int(input("평행사변형 높이를 입력하세요: "))

area = _____

print("평행사변형의 넓이 : %d cm2" % _____)
```

Q6-2. 키보드로 마일(mile)을 입력받아 킬로미터(km)로 환산하는 프로그램을 작성하시오.

✓ 힌트 : 킬로미터 = 마일 x 1.609344

🖳 실행결과

마일을 입력하세요: 30
30 마일은 48.28 킬로미터입니다!

---

mile = int(input("마일을 입력하세요: "))

km = _____ * 1.609344

print("%d 마일은 %.2f 킬로미터입니다! " % (_____, km))

연습문제 정답은 103쪽에서 확인하세요

7장

조건문 : if~ 구문

01. 조건문이란?

조건문은 '나이가 19세 이상이어야 성인이다', '나이 7세 미만은 입장료가 무료이다' 에서와 같이 주어진 조건에 따라 실행되는 프로그램 코드를 달리해야 할 경우에 사용됩니다.

다음은 나이가 7세 미만인 경우에 입장료를 무료로 하는 경우의 예입니다.

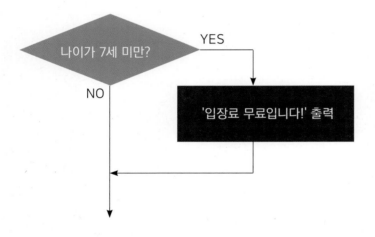

조건문은 조건에 따라 문장을 수행!

위에서 나이가 7세 미만일 경우에는 화면에 '입장료 무료입니다!' 메시지를 출력하게 됩니다.

만약 나이가 7세 미만이 아닌 경우에는 '입장료 무료입니다!'를 화면에 출력하지 않습니다.

자 그럼 실제로 IDLE 에디터를 이용하여 나이가 7세 미만일 경우 '입장료가 무료입니다!'를 출력하는 프로그램을 작성해 봅시다.

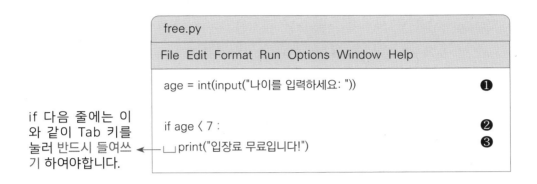

if 다음 줄에는 이와 같이 Tab 키를 눌러 반드시 들여쓰기 하여야합니다.

free.py

File Edit Format Run Options Window Help

age = int(input("나이를 입력하세요: "))   ❶

if age 〈 7 :   ❷
⎵⎵print("입장료 무료입니다!")   ❸

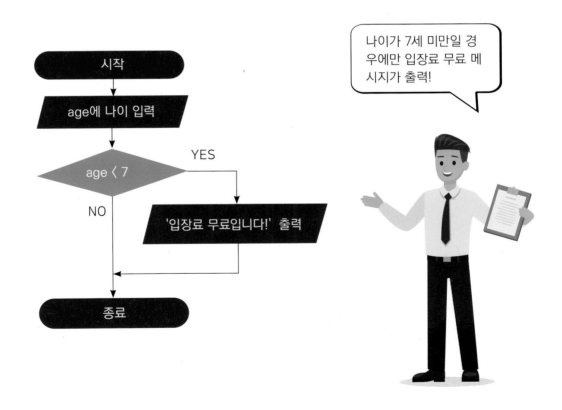

나이가 7세 미만일 경우에만 입장료 무료 메시지가 출력!

¤ free.py(나이가 5세일 경우)의 실행 결과

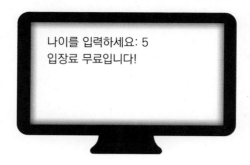

```
나이를 입력하세요: 5
입장료 무료입니다!
```

¤ free.py(나이가 10세일 경우)의 실행 결과

나이가 7세 이상이 입력되면 화면에 '입장료 무료입니다!' 가 출력되지 않습니다.

```
나이를 입력하세요: 10
```

❶
```
age = int(input("나이를 입력하세요! "))
```

키보드로 나이를 입력 받아 정수로 변환하여 age에 저장합니다.

❷
```
if age < 7 :
    Tab  print("입장료 무료입니다!")
```

만약 키보드로 5가 입력되면 if의 조건식은 '5 < 7'가 됩니다.

따라서 조건식은 참(Ture)이 되어 탭 키로 들여쓰기 되어 있는 '입장료 무료입니다!'가 화면에 출력됩니다.

만약 나이가 10이 입력되면 if 다음에 있는 조건식은 '10< 7'이 되어 거짓(False)이 됩니다.

이와 같이 if의 조건식이 거짓인 경우에는 if 다음의 들여쓰기 되어 있는 문장이 실행되지 않기 때문에 화면에 아무것도 출력되지 않습니다.

TIPS 파이썬의 들여쓰기

위의 예에서와 같이 if 다음 줄의 문장들은 반드시 탭 키에 의해 들여쓰기가 되어 있어야 합니다.

if문의 조건식이 참이면 이 들여쓰기 되어 있는 문장들이 실행된다는 것을 꼭 기억해 주세요!

탭(Tab) 키는 키보드 왼쪽 'Caps Lock ' 키 위에!

파이썬의 조건문 if에는 다음의 세 가지 구문이 있다는 것을 기억해 주세요!

---

(1) if~ 구문 : 7장의 112쪽에서 설명

(2) if~ else~ 구문 : 8장의 132쪽에서 설명

(3) if~ elif~ else~ 구문 : 9장의 148쪽에서 설명

프로그램을 하다보면 위의 세 가지 구문을 각각 사용할 수도 있고 경우에 따라 이 구문들을 섞어서 사용하기도 합니다.

이 세 가지 구문들은 7장, 8장, 9장의 세 장에 걸쳐 자세히 공부할 것입니다.

02. if~ 구문

1 if~ 구문의 기본 구조

앞 쪽에서 설명한 조건문의 세 가지 구문 중 if~ 구문의 기본 구조는 다음과 같습니다.

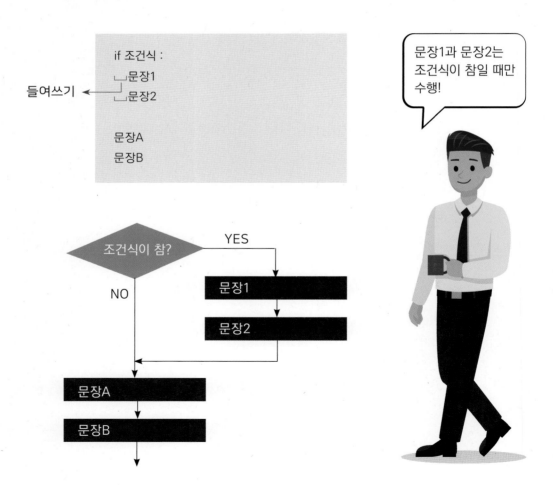

```
if 조건식 :
    ┐문장1
    ┘문장2


문장A
문장B
```

들여쓰기 ←

문장1과 문장2는
조건식이 참일 때만
수행!

조건식이 참?
YES
문장1
문장2
NO
문장A
문장B

if의 조건식이 참이면 들여쓰기 되어있는 문장1과 문장2를 실행하고, 조건식이 거짓이면 이 문장1과 문장2를 실행하지 않습니다.

문장A, 문장B는 들여쓰기 되어 있지 않기 때문에 if문에 속하지 않습니다. 따라서 문장A 와 문장B는 if문과 상관없이 무조건 실행됩니다.

❷ 조건문에서 들여쓰기

파이썬에서는 조건문(if문)의 조건식 다음 줄의 문장들은 들여쓰기 하도록 되어 있습니다.

이 들여쓰기는 C, 자바, PHP 등 다른 프로그래밍 언어들에서는 사용하지 않는 방법입니다. 파 이썬의 조건문과 다른 컴퓨터 언어에서의 조건문을 서로 비교해 볼까요?

파이썬의 if문

```
if 조건식 :
    └ 문장1
    └ 문장2
```

C, 자바, PHP 등의 if문

```
if (조건식)
{
    문장1
    문장2
}
```

파이썬의 조건문에서는 다른 프로그래밍 언어에서 사용하는 중괄호({ }) 대신 들여쓰기를 사 용하는 것입니다.

이러한 파이썬의 들여쓰기 방식은 처음에는 조금 헷갈릴 수 있지만 익숙해지면 무척 편리합니 다.

❸ 가장 작은 수 찾기

if~ 구문을 이용하여 세 개의 정수를 키보드로 입력 받아 가장 작은 수를 찾는 프로그램을 작성해 봅시다.

프로그램을 작성하기 전에 먼저 순서도를 그려보는 것도 머리 속을 정리해 보는 데 좋은 방법입니다.

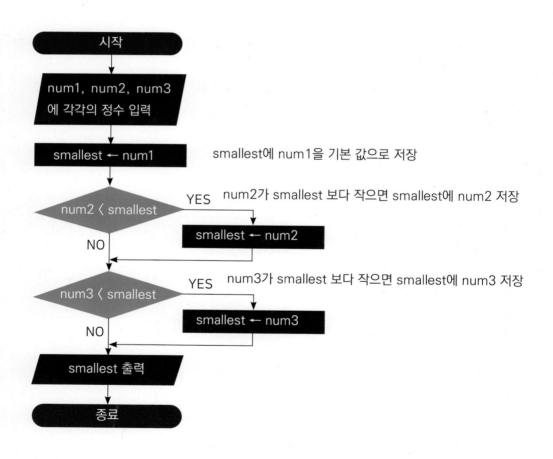

```
smallest.py

File  Edit  Format  Run  Options  Window  Help

num1 = int(input("첫 번째 정수를 입력하세요: "))
num2 = int(input("두 번째 정수를 입력하세요: "))
num3 = int(input("세 번째 정수를 입력하세요: "))


smallest = num1                              ❶

if (num2 ⟨ smallest) :                       ❷
    smallest = num2


if (num3 ⟨ smallest) :                       ❸
    smallest = num3


print("가장 작은 수 : %d" % smallest)           ❹
```

if~ 구문을 두 번 사용하니 되네요!

```
첫 번째 정수를 입력하세요: -10
두 번째 정수를 입력하세요: 5
세 번째 정수를 입력하세요: -15
가장 작은 수 : -15
```

❶ smallest = num1

입력 받은 첫 번째 정수인 num1의 값을 가장 작은 수를 의미하는 변수 smallest에 저장합니다.

❷
```
if (num2 < smallest) :
    smallest = num2
```

두 번째 정수 num2가 smallest 보다 작으면 smallest에 num2를 저장하게 됩니다.
바꾸어 말하면 'smallest = num2'의 문장은 num2가 smallest 보다 작은 경우에만 수행됩니다.

당연히 가장 작은 수를 찾는 문제이기 때문에 현재의 smallest 값 보다 num2가 작으면 num2 값을 smallest의 값으로 하게 된다는 것입니다.

❸
```
if (num3 < smallest) :
    smallest = num3
```

세 번째 정수 num3가 smallest 보다 작으면 smallest에 num3를 저장합니다.

❹
```
print("가장 작은 수 : %d" % smallest)
```

실행 결과에서와 같이 가장 작은 수 smallest를 포맷에 맞추어 출력합니다.

직접 코딩해보기

7-1. 나이를 입력 받아 19세 이상인 경우에 '성인입니다'를 출력하는 프로그램을 작성하시오. 단, 19세 미만인 경우에는 아무것도 출력하지 않음.

7-2. 키보드로 3, 4, 5의 숫자가 입력될 경우 'X월은 봄입니다.'를 출력하는 프로그램을 작성하시오. 단, 3, 4, 5 이외의 숫자가 입력된 경우에는 아무것도 출력하지 않음.

03. 비교 연산자와 논리 연산자

이번에는 조건문과 반복문(10장에서 공부)에서 주로 사용하는 비교 연산자와 논리 연산자에 대해 알아 봅시다.

- 비교 연산자 : 〉, 〈, ==, !=, 〉=, 〈=
- 논리 연산자 : and, or, not

1 비교 연산자

비교 연산자는 변수, 문자, 문자열 등을 서로 비교하여 참(True)과 거짓(False)를 판별할 때 사용합니다.

비교 연산자	의미
a 〉 b	a는 b보다 크다
a 〈 b	a는 b보다 작다
a == b	a와 b는 같다
a != b	a와 b는 같지 않다
a 〉= b	a는 b보다 크거나 같다
a 〈= b	a는 b보다 작거나 같다

```
☰ IDLE Shell 3.9.4

⟩⟩⟩ 5 〉2                                          ❶
True
⟩⟩⟩ 3 == 2                                        ❷
False
⟩⟩⟩ 2 == 5%3                                      ❸
True
⟩⟩⟩ a = 3
⟩⟩⟩ b = 5
⟩⟩⟩ a 〉b                                          ❹
False
```

❶ '5 〉2'는 5는 2보다 크기 때문에 참이 됩니다.

❷ '3 == 2'는 3과 2는 같지 않기 때문에 거짓이 됩니다.

❸ '5%3', 즉 5를 3으로 나눈 나머지는 2가 되기 때문에 결과는 참이 됩니다.

❹ a는 3, b는 5의 값을 갖기 때문에 'a 〉b'는 거짓이 됩니다.

2 논리 연산자

논리 연산자	의미
조건1 and 조건2	조건1과 조건2가 둘 다 참이어야 전체 결과가 참
조건1 or 조건2	조건1과 조건2 중에서 하나만 참이어도 전체 결과는참
not 조건	참을 거짓으로, 거짓을 참으로 변경

논리 연산자에는 and, or, not 이 있는데 각각에 대해 알아봅시다.

(1) and 연산자

다음 실습을 통하여 and 연산자에 대해 알아봅시다.

```
IDLE Shell 3.9.4

>>> 5 > 2 and 7 > 2                    ❶
True
>>> 5 > 2 and 1 > 2                    ❷
False
```

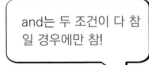

and는 두 조건이 다 참
일 경우에만 참!

❶ '5 > 2'는 참, '7 > 2'도 참입니다. and 연산자에서는 두
    조건이 모두 참인 경우에만 전체 조건이 참인 True가
    됩니다.

❷ '5 > 2'는 참, '1 > 2'는 거짓입니다. and 연산자에서
    는 두 조건 중 하나라도 거짓이면 전체 조건은 거짓인
    False가 됩니다.

이번에는 웹 사이트에서 관리자(id:"admin", level:1)인 경우에만 게시판 글쓰기를 가능하게 하고, 그렇지 않을 경우에는 글쓰기를 제한하고자 하는 경우에 and 연산자를 사용하여 봅시다.

```
IDLE Shell 3.9.4
>>> id = "rubato"                                              ❶
>>> level = 1
>>> id == "admin" and level == 1                               ❷
False
>>> id = "admin"                                               ❸
>>> level = 1
>>> id == "admin" and level == 1                               ❹
True
```

❶ 아이디를 "rubato", 회원 레벨을 1로 설정합니다.

❷ id == "admin"은 거짓, level == 1은 참이 되는데, and 연산자에서는 두 조건 중 하나라도 거짓이면 전체 조건은 거짓이 됩니다.

❸ 아이디를 "admin", 회원 레벨을 1로 설정합니다.

❹ id == "admin"은 참, level == 1도 참이 되기 때문에, 즉 두 조건이 모두 참이기 때문에 and 연산자가 사용된 전체 조건은 참입니다.

이런 방식으로 아이디와 회원 레벨을 체크하여 참/거짓 결과에 따라 게시판 글 쓰기 가능 여부를 판별할 수 있게 됩니다.

이 예제는 나중에 뒤에서 if~ else~ 구문(8장)을 이용하여 실제 프로그래밍에 적용해 보도록 하겠습니다.

(2) or 연산자

or 연산자는 and 연산자와는 달리 두 조건 중 하나만 참이어도 전체 조건이 참이 됩니다.

❶ '7 〈 3'는 거짓, '2 〉 1'는 참입니다. or 연산자에서는 두 조건 중 하나만 참이어도 전체 조건은 참인 True가 됩니다.

❷ '8 〈 2'는 거짓, '6 〈 2'도 거짓입니다. or 연산자에서는 두 조건이 모두 거짓인 경우에만 전체 조건이 거짓인 False가 됩니다.

or는 두 조건 중 하나만 참이어도 참!

(3) not 연산자

not 연산자는 주어진 논리의 결과를 반대로 합니다. 즉, 참을 거짓으로 거짓을 참으로 합니다.

IDLE Shell 3.9.4

```
>>> not 5 < 3
True
>>> not 5%3 == 2
False
```

'5 < 3'은 거짓이며, 'not 5 < 3'은 not 연산자에 의해 결과를 반대로 하니 참(True)이 됩니다.

' 5%3 == 2'는 '5를 3으로 나눈 나머지는 2이다' 가 되니 참입니다. 따라서 ' not 5%3 == 2' 의 결과는 거짓(False)가 됩니다.

not은 참을 거짓으로 거짓을 참으로!

04. 키 큰 사람 찾기

다음 두 사람 중 누가 더 키가 클까요? 키가 큰 사람의 이름은?

내 키는 160이야!

난 159인데...ㅠㅠ

두 사람의 이름과 키를 키보드로 입력 받아 둘 중 키가 큰 사람의 이름과 키를 출력하는 프로그램을 작성해 볼까요?

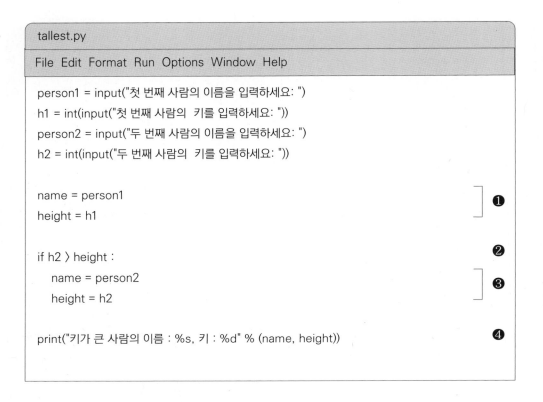

```
tallest.py

File  Edit  Format  Run  Options  Window  Help

person1 = input("첫 번째 사람의 이름을 입력하세요: ")
h1 = int(input("첫 번째 사람의  키를 입력하세요: "))
person2 = input("두 번째 사람의 이름을 입력하세요: ")
h2 = int(input("두 번째 사람의  키를 입력하세요: "))


name = person1                                              ❶
height = h1


if h2 > height :                                            ❷
    name = person2                                          ❸
    height = h2


print("키가 큰 사람의 이름 : %s, 키 : %d" % (name, height))    ❹
```

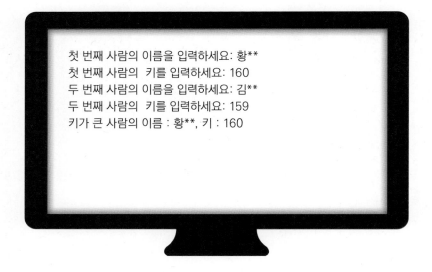

```
첫 번째 사람의 이름을 입력하세요: 황**
첫 번째 사람의  키를 입력하세요: 160
두 번째 사람의 이름을 입력하세요: 김**
두 번째 사람의  키를 입력하세요: 159
키가 큰 사람의 이름 : 황**, 키 : 160
```

❶
```
name = person1
height = h1
```

키 큰 사람의 이름을 나타내는 변수 name에 입력 받은 첫 번째 사람의 이름 person1을 저장합니다.
큰 사람의 키를 의미하는 변수 height에는 첫 번째 사람의 키 h1을 입력합니다.

❷
```
if h2 > height :
```

두 번째 사람의 키가 변수 height 보다 큰 경우, 즉 조건식이 참인 경우에는 ❸의 두 문장을 수행합니다.

❸
```
name = person2
height = h2
```

❷의 조건식이 참일 경우, 즉 h2가 height보다 클 경우는 두 번째 사람의 키가 첫 번째 사람의 키보다 큰 경우이기 때문에, name에 두 번째 사람의 이름 pserson2를 저장하고 변수 height에는 두 번째 사람의 키 h2를 입력합니다.

❹
```
print("키가 큰 사람의 이름 : %s, 키 : %d" % (name, height))
```

실행 결과에서와 같이 키가 큰 사람의 이름 name과 키 height를 포맷에 맞추어 출력합니다.

직접 코딩해보기

7-3. 필기 점수와 실기 점수를 입력 받아 두 점수가 모두 80점 이상인 경우에 '합격입니다'를 출력하는 프로그램을 작성하시오. 단, 불합격 조건에는 아무것도 출력하지 않음.

다음의 8장에서는 if~ else~
구문에 대해 공부합니당~~~

연습문제 정답

Q7-1 정답 : num%3, 0, result

Q7-2 정답 : num, and, result

Q7-3 정답 : answer, result

연습문제 7장. 조건문 : if~ 구문

Q7-1. 키보드로 양의 정수를 입력 받아 3의 배수인지를 판별하는 프로그램을 작성하시오.

✅ 힌트 : 3의 배수는 3으로 나눈 나머지가 0, 나머지 연산자 % 사용함.

📖 실행결과 1

양의 정수를 입력하세요! 5
3의 배수가 아니다!

📖 실행결과 2

양의 정수를 입력하세요 : 9
3의 배수이다!

```
num = int(input("양의 정수를 입력하세요 : "))
result = "3의 배수가 아니다!"

if _____ == ____ :
    result = "3의 배수이다!"

print(_____)
```

Q7-2. 키보드로 입력 받은 정수가 30에서 100 사이(100 포함)에 있는지를 판별하는 프로그램을 작성하시오.

✓ 힌트 : 두 조건을 동시에 만족하는 경우에만 참이 되는 and 연산자를 사용함.

☐ 실행결과 1

정수를 입력하세요 : 50
30과 100 사이에 있다!

☐ 실행결과 2

정수를 입력하세요 : 102
30과 100 사이에 있지 않다!

```
_____ = int(input("정수를 입력하세요 : "))
result = "30과 100 사이에 있지 않다!"

if num >= 30 _____ num <=100 :
    result = "30과 100 사이에 있다!"

print(_____)
```

Q7-3. 키보드로 비밀번호를 입력 받아 그 비밀번호가 맞는지 확인하는 프로그램을 작성하시오.

✅ 힌트 : 비밀번호는 문자열로 처리, 정답 비밀번호를 미리 설정해 놓고 입력된 값과 비교함.

▦ 실행결과 1

비밀번호를 입력하세요 : 35332
비밀번호가 틀려요!

▦ 실행결과 2

비밀번호를 입력하세요 : 12345
비밀번호가 맞아요!

```
password = input("비밀번호를 입력하세요 : ")
result = "비밀번호가 틀려요!"
answer = "12345"

if password == _____ :
    result = "비밀번호가 맞아요!"

print(_____)
```

연습문제 정답은 126쪽에서 확인하세요

8장

조건문 : if~ else~ 구문

01. if~ else~ 구문의 기본 구조

if~ else~ 구문의 기본 구조에 대해 알아봅시다.

들여쓰기 부분을
꼭 기억하세요!

```
if 조건식 :
    ┗ 문장1
    ┗ 문장2
else :
    ┗ 문장i
    ┗ 문장ii
문장A
문장B
```

들여쓰기 ←

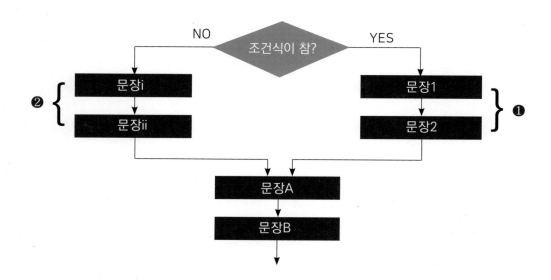

if문의 조건식이 참이면 들여쓰기 되어있는 문장1과 문장2를 수행하고, 조건식이 거짓이면 문장i과 문장ii를 수행합니다.

정리하면 조건식이 참이면 ❶의 문장들, 조건식이 거짓이면 ❷의 문장들이 수행됩니다.

이번에는 if~ else~ 구문을 이용하여 나이에 따라 성인인지를 판정하는 프로그램에 대해 생각해 봅시다.

우리나라에서 성인이 되는 법적 나이는 만 19세부터 입니다.

자 그럼 키보드로 나이를 입력 받아 입력된 나이가 19세 이상인지를 체크하여 성인인지 아닌지를 판정하는 프로그램을 작성해 봅시다.

성인은 19세 이상!

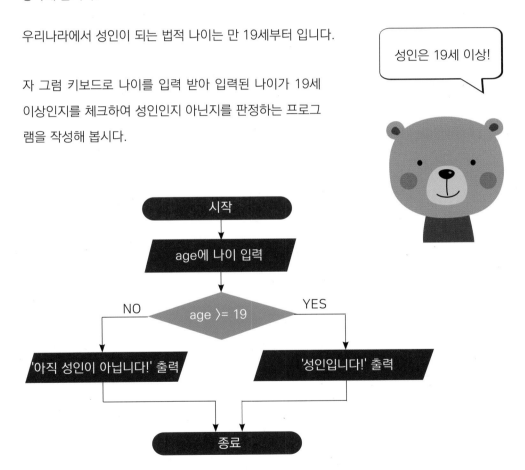

```
adult.py

File  Edit  Format  Run  Options  Window  Help

age = int(input("나이를 입력하세요: "))          ❶

if age >= 19 :                                    ❷
    print("성인입니다!")                          ❸
else :
    print("아직 성인이 아닙니다!")                ❹
```

if~ else~ 는 두 조건만 존재!

¤ adult.py의 실행 결과(19세 이상)

```
나이를 입력하세요: 20
성인입니다!
```

¤ adult.py의 실행 결과(19세 미만)

```
나이를 입력하세요: 15
아직 성인이 아닙니다!
```

❶ age = int(input("나이를 입력하세요: "))

키보드로 나이를 입력 받아 정수로 변환하여 age에 저장합니다.

❷ if age >= 19 :

age가 19 이상인 경우에는 ❸의 문장을 수행합니다.

❸ `print("성인입니다!")`

'성인입니다!'란 메시지를 화면에 출력합니다.

❹ `print("아직 성인이 아닙니다!")`

실행 결과 2에서와 같이 '아직 성인이 아닙니다!'란 메시지를 화면에 출력합니다.

이 문장은 **❷**의 조건식 'age >= 19'가 거짓일 경우에 실행됩니다.

02. 짝수/홀수 판별하기

어떤 수가 짝수인지 홀수인지를 어떻게 판별할 수 있을까요?

그 수를 2로 나누어서 나머지가 0이면 짝수이고, 그렇지 않고 나머지가 1이면 홀수가 됩니다. 예를 들어, 8을 2로 나누면 몫이 4, 나머지가 0이 됩니다. 따라서 8은 짝수가 됩니다.

키보드로 하나의 숫자를 입력 받아 변수 num에 저장한 다음, 이 수가 짝수인지 홀수인지를 판별하는 흐름도를 그려보면 다음과 같습니다.

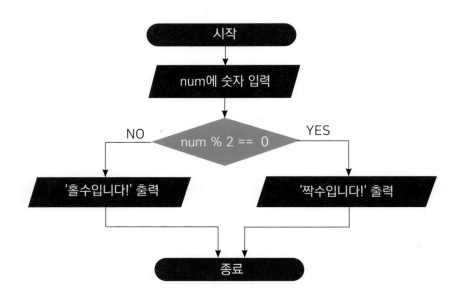

다음은 if~ else~ 구문을 이용하여 짝수/홀수를 판별하는 프로그램입니다.

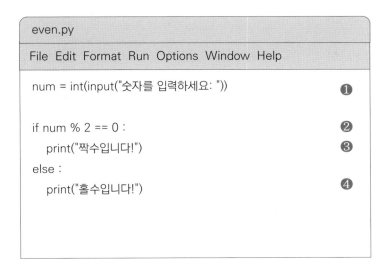

```
even.py

File  Edit  Format  Run  Options  Window  Help

num = int(input("숫자를 입력하세요: "))          ❶


if num % 2 == 0 :                              ❷
    print("짝수입니다!")                         ❸
else :
    print("홀수입니다!")                         ❹
```

짝수는 2로 나눈
나머지가 0!

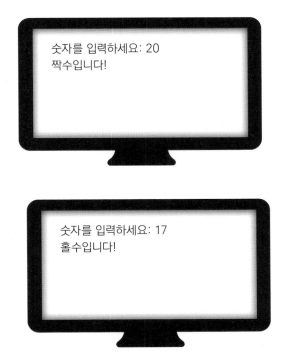

숫자를 입력하세요: 20
짝수입니다!

숫자를 입력하세요: 17
홀수입니다!

❶

```
num = int(input("숫자를 입력하세요! "))
```

키보드로 숫자를 입력 받아 정수로 변환하여 num에 저장합니다.

❷

```
if num % 2 == 0 :
```

num을 2로 나눈 나머지가 0일 경우에는 ❸의 문장, 그렇지 않을 경우에는 else : 다음에 있는 ❹의 문장을 수행합니다.

❸

```
print("짝수입니다!")
```

❷의 조건식이 참일 경우, 즉 2로 나눈 나머지가 0일 경우에는 "짝수입니다!"란 메시지를 실행 결과 1에서와 같이 출력합니다.

실행 결과 1에서는 20이 입력되었기 때문에 20 % 2의 결과가 0이 되어 입력된 수 20이 짝수라는 메시지가 출력되는 것입니다.

❹

```
print("홀수입니다!")
```

실행 결과 2에서와 같이 17이 입력되었을 경우에는 "홀수입니다!"란 메시지를 화면에 출력합니다.

직접 코딩해보기

8-1. 키보드로 입력 받은 수가 5의 배수인지 아닌지를 판별하는 프로그램을 작성하시오.

03. 합격/불합격 판정하기

이번에는 앞에서 배운 논리 연산자와 if~else~ 구문을 이용하여 자격증 시험의 합격 또는 불합격을 판정하는 프로그램에 대해 공부합니다.

한 예로, 어떤 자격증 시험이 있는데 필기 점수가 70점 이상이고 실기 점수가 80점 이상이어야만 합격을 판정하게 됩니다.

필기 70 이상, 실기 80 이상 합격!

필기점수에 pilgi, 실기 점수에는 silgi란 변수를 사용해서 흐름도를 그려보면 다음과 같습니다.

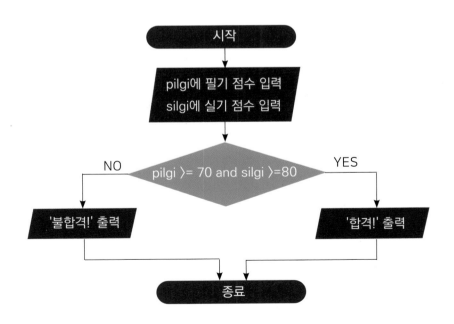

시작

pilgi에 필기 점수 입력
silgi에 실기 점수 입력

pilgi >= 70 and silgi >=80

NO

YES

'불합격!' 출력

'합격!' 출력

종료

자 그럼 실제로 작성된 프로그램을 살펴볼까요?

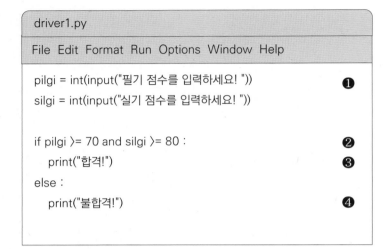

```
driver1.py

File  Edit  Format  Run  Options  Window  Help

pilgi = int(input("필기 점수를 입력하세요! "))        ❶
silgi = int(input("실기 점수를 입력하세요! "))


if pilgi >= 70 and silgi >= 80 :                    ❷
    print("합격!")                                  ❸
else :
    print("불합격!")                                ❹
```

and 연산자를 사용해야 함!

```
필기 점수를 입력하세요! 75
실기 점수를 입력하세요! 90
합격!
```

```
필기 점수를 입력하세요! 95
실기 점수를 입력하세요! 60
불합격!
```

❶
```
pilgi = int(input("필기 점수를 입력하세요! "))
silgi = int(input("실기 점수를 입력하세요! "))
```

키보드로 필기 점수와 실기 점수를 입력 받아 각각 pilgi와 silgi에 저장합니다.

❷
```
if pilgi >= 70 and silgi >= 80 :
```

if의 조건식 'pilgi >= 70 and silgi >= 80'은 pilgi가 70 이상이고 silgi가 80 이상이어야 참이 됩니다.

필기와 실기 시험을 다 통과해야지만 자격증 시험에 합격하게 된다는 것이지요. 조건식이 참이 되면 ❸의 문장, 그렇지 않고 조건식이 거짓일 경우에는 ❹의 문장을 수행합니다.

여기서 사용된 and 연산자는 두 조건이 모두 참인 경우에 전체 조건이 참이됩니다.

and 연산자는 두 조건이 모두 참이어야 참!

❸
```
print("합격!")
```

'합격!'을 화면에 출력합니다.

❹
```
print("불합격!")
```

'불합격!'을 화면에 출력합니다.

앞에서 if~ else~ 구문으로 작성해본 자격증 합격/불합격 판정 프로그램은 다음과 같이 if~ 구문으로 작성할 수도 있습니다.

```
driver2.py

 File  Edit  Format  Run  Options  Window  Help

pilgi = int(input("필기 점수를 입력하세요! "))
silgi = int(input("실기 점수를 입력하세요! "))

result = "불합격!"                                          ❶

if pilgi >= 70 and silgi >= 80 :                            ❷
    result = "합격!"                                        ❸

print(result)                                              ❹
```

❶의 result에는 초기값으로 "불합격!"을 입력해 놓습니다. ❷의 if문의 조건식이 참이면, 즉 필기와 실기 점수가 각각 70점과 80점 이상이면 ❸에 의해 result의 값을 "합격"으로 변경합니다. ❹에서 결과를 출력합니다.

실행 결과들은 앞의 if~ else~ 구문을 사용한 driver1.py와 같습니다.

직접 코딩해보기

8-2. 영문 소문자를 하나 입력 받아 모음인지 자음인지를 판별하는 프로그램을 작성하시오.

다음의 9장에서는 if~ elif~ else~ 구문에 대해 공부합니당~~~

연습문제 정답

Q8-1 정답 : int, num==1, num==3
Q8-2 정답 : eye, else
Q8-3 정답 : num_wiriting, num_ripple, level, level

연습문제 8장. 조건문 : if~ else~ 구문

Q8-1. 키보드로 주민번호 뒷자리 첫 번째 숫자를 입력 받아 남녀를 판정하는 프로그램을 작성하시오.

✅ 힌트 : 주민번호 뒷자리 첫 번째 숫자가 1 또는 3이면 남성이고, 2 또는 4이면 여성임.

> 🖥 실행결과
>
> 주민번호 뒷자리 첫 번째 숫자를 입력하세요 : 3
> 남성입니다!

---

num = _____(input("주민번호 뒷자리 첫 번째 숫자를 입력하세요 : "))

if _____ or _____ :
   print ("남성입니다!")
else :
   print ("여성입니다!")

Q8-2. 보통 안과에서는 시력이 0.7 이하이면 안경을 착용하는 것을 권한다고 합니다. 키보드로 시력을 입력 받아 안경 착용 여부를 판단하는 프로그램을 작성하시오.

> 🖥 실행결과
>
> 당신의 시력을 입력하세요 : 0.4
> 안경 착용을 권합니다!

```
eye = float(input("당신의 시력을 입력하세요 : "))

if _____ <= 0.7 :
    print ("안경 착용을 권합니다!")
_____ :
    print ("생활에 불편함이 없으면 일단 좀 지켜 봅시다!")
```

Q8-3. 인터넷 카페에서 글쓰기 5개와 댓글 10개 이상을 쓴 회원에게 정회원 자격인 회원 레벨 7을 부여하고, 그렇지 않을 경우에는 준회원인 레벨 9를 부여하는 프로그램을 작성하시오.

▦ 실행결과

글쓴 개수를 입력하세요 : 6
댓글 단 개수를 입력하세요 : 12
– 글쓴 개수 : 6, 댓글 개수 : 12
– 회원 레벨 : 7

```
num_writing = int(input("글쓴 개수를 입력하세요 : "))
num_ripple = int(input("댓글 단 개수를 입력하세요 : "))

if _____ >= 5 and _____ >= 10 :
    level = 7
else :
    _____ = 9

print("- 글쓴 개수 : %d, 댓글 개수 : %d" % (num_writing, num_ripple))
print("- 회원 레벨 : %d" % _____)
```

연습문제 정답은 143쪽에서 확인하세요

9장

조건문 :
if~ elif~ else~ 구문

01. if~ elif~ else~ 구문의 기본 구조

조건문 중에서 조건식이 여러 개가 있을 때 사용하는 것이 if~ elif~ else~ 문 입니다.

if~ elif~ else~ 구문의 구조는 다음과 같습니다.

```
if 조건식1 :
└문장
└문장
elif 조건식2 :
└문장
└문장
...
elif 조건식N :
└문장
└문장
else :
└문장
└문장
```

if~ elif~ else~
구문은 조건식이
여러개!

if의 조건식1이 참이면 그 다음 줄의 들여쓰기 되어있는 문장들을 실행하고 if-elif문을 벗어납니다.

그렇지 않고 조건식1이 거짓이면 elif의 조건식2을 체크하여, 조건식2가 참이면 그 다음 줄의 문장들을 실행하고 조건문(if~ elif~ else~ 구문)을 빠져 나갑니다.

만약 조건식2도 거짓이 되면 그 다음 조건식3을 체크하는 식으로 프로그램이 진행됩니다. 마지막 elif의 조건식N이 거짓이라면 else 다음의 문장들을 실행합니다.

앞에서 설명한 if~ elif~ else~ 구문의 흐름도를 그려보면 다음과 같습니다.

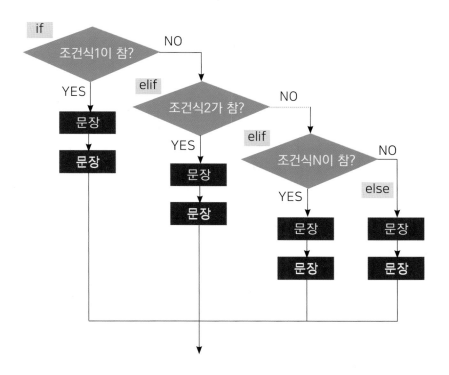

if의 조건식1과 elif의 조건식2 ~ 조건식N을 순서대로 체크하여 조건이 참이면 그에 해당되는 문장들을 실행하고 if-elif문을 빠져나가게 됩니다.

만약 모든 조건식들이 다 거짓이라면 else 다음의 문장들을 실행합니다.

1 월에 존재하는 일수 계산하기

3월 달은 몇일까지 있을까요? 31일까지 있습니다. 2월달은 28일 또는 29일까지 있어요.

월에 존재하는 일수를 표로 정리하면 다음과 같습니다.

월	1	2	3	4	5	6	7	8	9	10	11	12
일수	31	28/29	31	30	31	30	31	31	30	31	30	31

위의 표를 보면 2월달은 28일 또는 29일까지 있고, 4, 6, 9, 11월달은 30일까지 있으며, 나머지 달은 31일까지 있게 됩니다.

앞에서 배운 if~ elif~ else~ 구문을 이용하여 월의 일수를 계산하는 프로그램을 작성해 보면 다음과 같습니다.

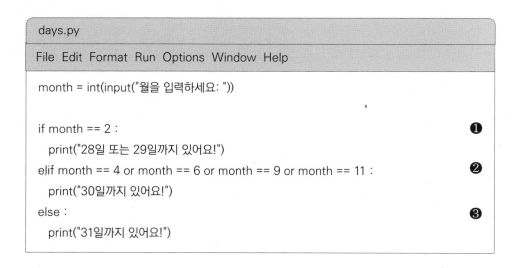

```
days.py

File  Edit  Format  Run  Options  Window  Help

month = int(input("월을 입력하세요: "))

if month == 2 :                                                    ❶
    print("28일 또는 29일까지 있어요!")
elif month == 4 or month == 6 or month == 9 or month == 11 :       ❷
    print("30일까지 있어요!")
else :                                                             ❸
    print("31일까지 있어요!")
```

월을 입력하세요: 2
28일 또는 29일까지 있어요!

월을 입력하세요: 11
30일까지 있어요!

월을 입력하세요: 3
31일까지 있어요!

❶   if month == 2 :

if의 조건식이 참, 즉 2월달이면 그 다음 줄에 있는 print() 함수에 의해 실행결과 1과 같은 결과를 출력합니다.

❷   elif month == 4 or month == 6 or month == 9 or month == 11 :

elif의 조건식이 참, 즉 4, 6, 9, 또는 11월달이면 그 다음 줄에 있는 print() 함수에 의해 실행결과 2와 같은 결과를 얻습니다.

❸   else :

❶과 ❷의 조건식이 둘 다 거짓이면, else 다음 줄에 있는 문장이 수행되어 실행결과 3에서와 같은 결과를 얻게 됩니다.

❷ 수우미양가 등급 판정하기

이번에는 점수를 입력 받아 수우미양가를 판정하는 프로그램을 작성해 볼까요?

등급	수	우	미	양	가
점수	90점이상	80점이상	70점이상	60점이상	59점이하

grade.py

File Edit Format Run Options Window Help

```
score = int(input("점수를 입력하세요: "))

if score >= 90 :                              ❶
    grade = "수"
elif score >= 80 :                            ❷
    grade = "우"
elif score >= 70 :                            ❸
    grade = "미"
elif score >= 60 :                            ❹
    grade = "양"
else :                                        ❺
    grade = "가"

print("등급 : %s" % grade)                     ❻
```

if~ elif~ else~ 구문을 이용하여 90점 이상(❶)이면 변수 grade에 "수", 80점 이상(❷)이면 grade에 "우", 70점 이상(❸)이면 grade에 "미", 60점 이상(❹)이면 grade에 "양", 그리고 그 외 나머지 경우(❺)에는 "가"를 저장합니다.

❻ 입력된 점수에 해당되는 등급을 실행 결과 화면에 출력합니다.

점수를 입력하세요: 95
등급 : 수

if~ elif~ 조건에 해당
되지 않는 모든 조건은
else에 해당!

점수를 입력하세요: 83
등급 : 우

직접 코딩해보기

9-1. 점수를 입력 받아 그 점수에 해당되는 등급(A, B, C, D, F)을 판정하는 프로그램을 작성하시오.
※ 90~100 : A, 80~89 : B, 70~79 : C, 60~69 : D, 0 ~ 59: F

9-2. 입력 받은 성적이 90점 이상이면 '합격!', 90점 미만이면 '불합격!', 100 이상 0 이하의 성적이 입력되면 '성적 입력 오류!' 메시지를 출력하는 프로그램을 작성하시오.

02. 할인율에 따라 지불금액 계산하기

우리가 상점에서 이벤트 기간 중 물건을 구매하면, 구매 금액에 따라 다른 할인율을 적용해 주는 경우가 종종 있습니다.

구매 금액에 따른 할인율은 다음과 같다고 가정합니다.

구매 금액에 따라
할인율이 달라요!

물건 구매가	할인율
5,000원 미만	0
5,000원 ~ 10,000원 미만	5%
10,000원 ~ 50,000원 미만	7.5%
50,000원 이상	10%

만약 8,000원 어치의 물건을 구매하면 실제 지불액은 얼마가 될까요? 다음과 같이 8000원에서 5% 할인한 금액을 제외하면 7,600원이 됩니다.

```
8000 - (8000 x5)/100 = 7600
```

이는 다음과 같은 공식으로 지불금액을 계산할 수 있어요.

```
지불 금액 = 구매가 - (구매가 x 할인율)/100
```

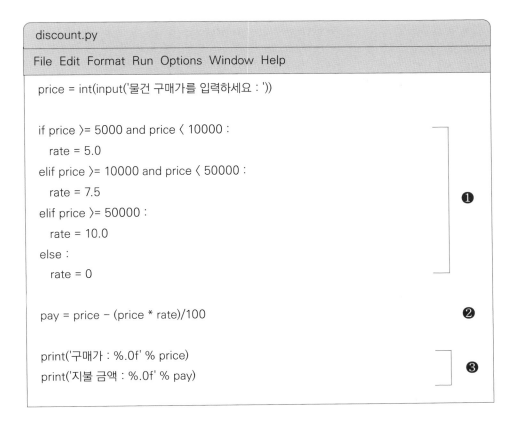

```
discount.py

File  Edit  Format  Run  Options  Window  Help

price = int(input('물건 구매가를 입력하세요 : '))

if price >= 5000 and price < 10000 :
    rate = 5.0
elif price >= 10000 and price < 50000 :
    rate = 7.5
elif price >= 50000 :
    rate = 10.0
else :
    rate = 0                                    ❶

pay = price - (price * rate)/100                ❷

print('구매가 : %.0f' % price)                  ❸
print('지불 금액 : %.0f' % pay)
```

```
물건 구매가를 입력하세요 :
8000
구매가 : 8000
지불 금액 : 7600
```

```
물건 구매가를 입력하
세요 : 60000
구매가 : 60000
지불 금액 : 54000
```

❶ if-elif문을 이용하여 입력된 물건 구매가 price에 따라 할인율 rate를 결정합니다.

❷ 물건 가격과 설정된 할인율에 따라 지불 금액 pay를 구합니다.

❸ 물건 구매가 price와 실제 지불 금액 pay를 화면에 출력합니다. '%.0f'는 소수점 이하를 빼고
   실수의 정수 부분만 출력하게 합니다.

조건문 세 가지 끝~~~
다음 10장부터는 반복
문 시작!!!

연습문제 정답

Q9-1 정답 : num2, s=="2", num1*num2, else

Q9-2 정답 : month, or, or, else

Q9-3 정답 : buy, buy, delivery, payment

연습문제 9장. 조건문 : if~ elif~ else~ 구문

Q9-1. 키보드로 기능(더하기, 빼기, 곱하기, 나누기)을 선택하는 숫자와 두 개의 숫자를 입력 받아 선택된 기능을 수행하는 프로그램을 작성하시오.

✅ 기능의 정의
  1:더하기, 2:빼기, 3:곱하기, 4:나누기

▦ 실행결과

기능 선택

1. 더하기

2. 빼기

3. 곱하기

4. 나누기

기능을 선택하세요(1/2/3/4): 2
첫 번째 숫자를 입력하세요: 3
두 번째 숫자를 입력하세요: 7
3 - 7 = -4

```python
print("기능 선택")
print("1. 더하기")
print("2. 빼기")
print("3. 곱하기")
print("4. 나누기")
print()

s = input("기능을 선택하세요(1/2/3/4): ")

num1 = int(input("첫 번째 숫자를 입력하세요: "))
_____ = int(input("두 번째 숫자를 입력하세요: "))

if s == "1":
    print("%d + %d = %d" % (num1, num2, num1 + num2))
elif _____:
    print("%d - %d = %d" % (num1, num2, num1 - num2))
elif s == "3":
    print("%d x %d = %d" % (num1, num2, _____))
elif s == "4":
    print("%d / %d = %d" % (num1, num2, num1 / num2))
_____:
    print("입력 숫자 오류!")
```

Q9-2. 월을 키보드로 입력 받아 어느 계절(봄, 여름, 가을, 겨울)에 해당 되는지를 판단하는 프로그램을 작성하시오.

✅ 봄 : 3월~5월, 여름 : 6월~8월, 가을 : 9월~11월, 겨울 : 12월 ~ 2월

▦ 실행결과

월을 입력하세요 : 4
4월은 봄입니다!

```
_____ = int(input("월을 입력하세요 : "))

if month >= 3 and month <= 5 :
    print("%d월은 봄입니다!" % month)
elif month >= 6 and month <= 8 :
    print("%d월은 여름입니다!" % month)
elif month >= 9 and month <= 11 :
    print("%d월은 가을입니다!" % month)
elif month == 12 ____ month == 1 ____ month == 2 :
    print("%d월은 겨울입니다!" % month)
_____ :
    print("월에 해당되는 숫자를 입력해 주세요!")
```

Q9-3. 인터넷 쇼핑몰에서 구매하는 물건 가격과 개수를 입력 받아 결제 금액을 계산하는 프로그램을 작성하시오. 단, 결제 금액에 따른 배송비는 다음과 같습니다.

✅ 구매 금액에 따른 배송비
  – 5만원 이상 : 무료
  – 3만원 ~ 5만원 미만 : 2,000원
  – 3만원 미만 : 5,000원
  ※ 결제 금액 : 구매 금액 + 배송비

🖿 실행결과

물건 가격을 입력하세요 : 8000
구매 개수를 입력하세요 : 6
구매 금액 : 48000원, 배송료 : 2000원, 결제 금액 : 50000

```python
price = int(input("물건 가격을 입력하세요 : "))
num = int(input("구매 개수를 입력하세요 : "))

_____ = price * num

if buy >= 50000 :
    delivery = 0
elif buy <= 50000 and buy >= 30000 :
    delivery = 2000
else :
    delivery = 5000
```

payment = buy + delivery

print("구매 금액 : %d원, 배송료 : %d원, 결제 금액 : %d" % (_____,
_____, _____))

연습문제 정답은 156쪽에서 확인하세요

10장

반복문 : while문

01. 반복문이란?

반복문은 특정 조건을 만족할 때까지 문장들을 반복 실행할 때 사용합니다. 파이썬의 반복문에는 while문과 for문이 있습니다.

"안녕하세요!"를 다섯 번 화면에 출력하는 프로그램에 반복문을 사용하지 않았을 경우와 반복문(while문)을 사용한 경우를 비교해 봅시다

(1) 반복문을 사용하지 않은 경우

```
no_loop.py

File  Edit  Format  Run  Options  Window  Help

print("안녕하세요!")
print("안녕하세요!")
print("안녕하세요!")
print("안녕하세요!")
print("안녕하세요!")
```

```
안녕하세요!
안녕하세요!
안녕하세요!
안녕하세요!
안녕하세요!
```

음... 다른 방법이 없을까?ㅠㅠ

위에서와 같이 print("안녕하세요!") 문장을 다섯 번 사용하게 되면 '안녕하세요!'가 화면에 다섯
번 출력된다.

(2) 반복문(while문)을 사용한 경우

반복문인 while문을 사용하면 print("안녕하세요!") 문장을 쉽게 반복 실행할 수 있습니다.

```
loop.py

File  Edit  Format  Run  Options  Window  Help

i = 1                                              ❶
while i <= 5 :                                      ❷
  └ print("안녕하세요!")                            ❸
  └ i = i + 1                                       ❹
```

while문은 문장을
쉽게 반복 실행!

안녕하세요!
안녕하세요!
안녕하세요!
안녕하세요!
안녕하세요!

※ ❷에서 'i <= 5'에서 5 대신에 100으로 변경한 다음 재실행하면 "안녕하세요!"가 화면
에 100번 출력됩니다.

이 프로그램에 대한 흐름도를 그려보면 다음과 같습니다.

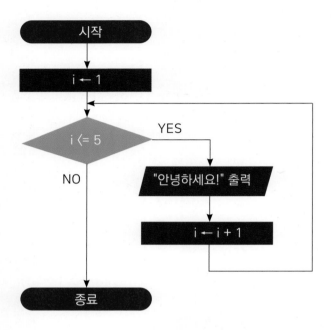

❶　i = 1

변수 i의 값을 1로 초기화합니다.

❷　while i <= 5 :

while 의 조건식 '1 <= 5'은 참이기 때문에 들여쓰기 되어 있는 ❸과 ❹의 문장을 실행합니다.

※ while문에서는 조건식이 참인 동안 while문에 속하는 문장들을 반복 실행합니다.
그리고 반복 루프가 진행되는 동안에 조건식이 거짓이 되는 순간 while문을 빠져나가게 됩니다.

❸   print("안녕하세요!")

"안녕하세요!"를 실행 결과의 첫 번째 줄에서와 같이 화면에 출력합니다.

❹   i = i + 1

현재 i의 값이 1이기 때문에 1을 더한 값 2를 i에 저장합니다. 그런 다음 ❷의 문장으로 돌아가 다시 while의 조건식 'i <=5', 즉 '2 <= 5'이 참인지를 체크해서 참이면 ❸과 ❹의 문장을 다시 실행합니다.

이런 식으로 반복 루프가 진행되다가 i가 6가 되는 순간 조건식 '6 <= 5'이 거짓이 되기 때문에 while문을 빠져나가서 프로그램이 종료하게 됩니다.

프로그램의 진행 과정과 각 단계에서의 조건식과 i의 값의 변화를 표로 정리해 볼까요?

단계	문장	설명
❶	i = 1	i를 1로 초기화
❷	while i <= 5	조건식 '1 <= 5' 은 참
❸	print("안녕하세요!")	"안녕하세요!" 화면에 출력
❹	i = i + 1	i를 1 증가시킴, i의 값은 2
❷	while i <= 5	조건식 '2 <= 5' 은 참
❸	print("안녕하세요!")	"안녕하세요!" 화면에 출력
❹	i = i + 1	i를 1 증가시킴, i의 값은 3
❷	while i <= 5	조건식 '3 <= 5' 은 참
❸	print("안녕하세요!")	"안녕하세요!" 화면에 출력
❹	i = i + 1	i를 1 증가시킴, i의 값은 4
…	…	…
❹	i = i + 1	i를 1 증가시킴, i의 값은 6
❷	while i <= 5	조건식 '6 <= 5' 는 거짓 ※ i의 값이 6이 되는 순간 조건식이 거짓이 되기 때문에 while문을 빠져나감

02. while문의 기본 구조

while 문의 기본 구조를 알아보기 위해 다음의 흐름도를 살펴 봅시다.

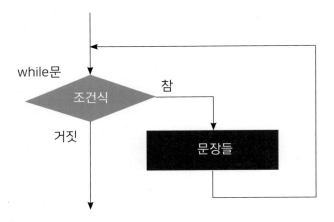

조건식이 참인 동안 while문에 속해 있는 문장들이 반복 실행되고, 조건식이 거짓이 되는 순간 while문을 벗어나게 됩니다.

1 1~10의 숫자 중 홀수 출력하기

자 그럼 실제로 while문을 이용하여 1에서 10까지의 숫자 중에서 홀수를 화면에 출력하는 프로그램을 작성해 볼까요?

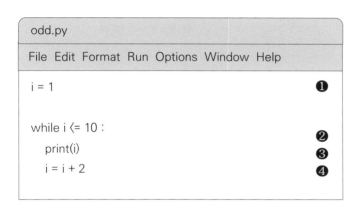

홀수는 1부터 2씩 증가!

odd.py

File Edit Format Run Options Window Help

```
i = 1                ❶

while i <= 10 :      ❷
    print(i)         ❸
    i = i + 2        ❹
```

```
1
3
5
7
9
```

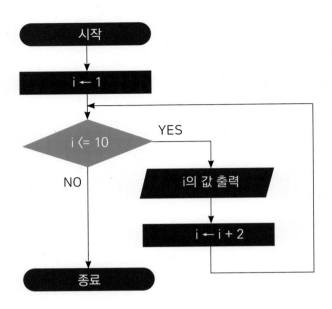

❶   i = 1

변수 i의 값을 1로 초기화합니다.

❷   while i <= 10 :

조건식은 i가 1부터 10까지의 값을 가지는 동안 참이 됩니다. i가 참인 동안에는 while 다음 줄에 들여쓰기 되어 있는 ❸과 ❹의 문장을 반복 실행합니다.

❸   print(i)

i의 값을 실행 결과에서와 같이 화면에 출력합니다.

❹   i = i + 2

i의 값에 2를 더한 다음 다시 i에 저장합니다. ❶에서 i의 값이 1로 초기화 되었기 때문에 반복 루프가 진행되는 동안 i는 1, 3, 5, 7, 9, 11 의 값을 갖게 됩니다.

프로그램의 진행 과정과 각 반복 루프에서의 조건식과 i의 값을 좀 더 자세히 살펴보면 다음과 같습니다.

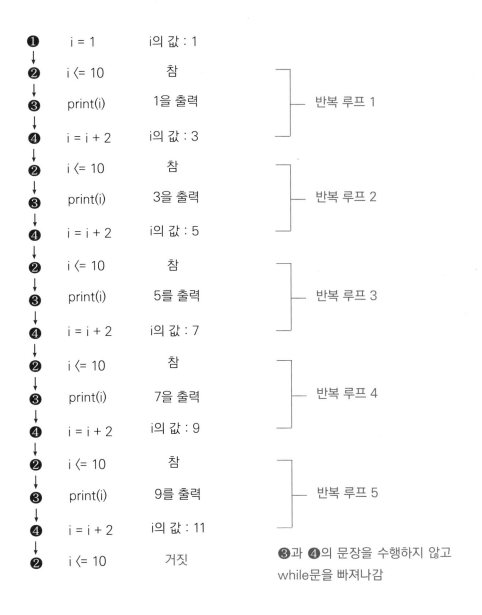

❶   i = 1   i의 값 : 1

❷   i <= 10   참

❸   print(i)   1을 출력   ─ 반복 루프 1

❹   i = i + 2   i의 값 : 3

❷   i <= 10   참

❸   print(i)   3을 출력   ─ 반복 루프 2

❹   i = i + 2   i의 값 : 5

❷   i <= 10   참

❸   print(i)   5를 출력   ─ 반복 루프 3

❹   i = i + 2   i의 값 : 7

❷   i <= 10   참

❸   print(i)   7을 출력   ─ 반복 루프 4

❹   i = i + 2   i의 값 : 9

❷   i <= 10   참

❸   print(i)   9를 출력   ─ 반복 루프 5

❹   i = i + 2   i의 값 : 11

❷   i <= 10   거짓   ❸과 ❹의 문장을 수행하지 않고 while문을 빠져나감

03. 누적 합계 구하기

while문을 이용하면 숫자의 누적 합계를 아주 쉽게 구할 수 있습니다.

먼저 해 봅시다.

1 + 2 + 3 + 4 + 5 + 6 + 7 + 8 + 9 + 10

---

sum.py

File Edit Format Run Options Window Help

```
i = 1                                        ❶
sum = 0

while i <= 10 :                              ❷
    sum = sum + i                            ❸
    print("i : %d, sum : %d" % (i, sum))     ❹
    i = i + 1                                ❺

print("합계 : " + str(sum))                   ❻
```

```
i : 1, sum : 1
i : 2, sum : 3
i : 3, sum : 6
...
i : 10, sum : 55
합계 : 55
```

❶

```
i = 1
sum = 0
```

변수 i를 1로 초기화하고, 누적 합계를 나타내는 변수 sum을 0으로 초기화합니다.

❷

```
while i <= 10 :
```

조건식은 i가 1부터 10까지의 값을 가지는 동안 참이 됩니다. i가 참인 동안에는 그 다음 줄에 들여쓰기 되어 있는 ❸, ❹, ❺의 문장을 반복 실행합니다.

❸

```
    sum = sum + i
```

sum과 i를 더하여 변수 sum에 저장합니다.

❹

```
    print("i : %d, sum : %d" % (i, sum))
```

실행 결과에서와 같이 화면에 i와 sum의 값을 출력합니다.

❺

```
    i = i + 1
```

i를 1만큼 증가시킵니다.

❻

```
print("합계 : " + str(sum))
```

실행 결과의 제일 아래에 있는 것과 같이 최종 결과 "합계 : 55"를 출력합니다.

1~10의 누적 합계를 구하는 흐름도를 그려보면 다음과 같습니다.

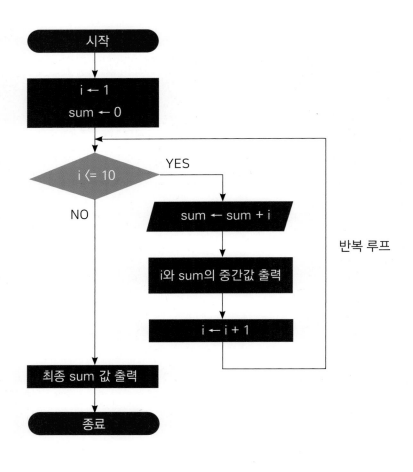

프로그램 동작을 이해하기 위해 흐름도의 반복 루프에서 사용된 조건식과 변수 i와 sum의 값의 변화를 체크해 봅시다.

반복 루프	i 의 값	조건식(i <= 10)	sum = sum + i	i = i + 1
1번째	1	1 <= 10 : 참	1 ← 0 + 1	2 ← 1 + 1
2번째	2	2 <= 10 : 참	3 ← 1 + 2	3 ← 2 + 1
3번째	3	3 <= 10 : 참	6 ← 3 + 3	4 ← 3 + 1
4번째	4	4 <= 10 : 참	10 ← 6 + 4	5 ← 4 + 1
5번째	5	5 <= 10 : 참	15 ← 10 + 5	6 ← 5 + 1
6번째	6	6 <= 10 : 참	21 ← 15 + 6	7 ← 6 + 1
7번째	7	7 <= 10 : 참	28 ← 21 + 7	8 ← 7 + 1
8번째	8	8 <= 10 : 참	36 ← 28 + 8	9 ← 8 + 1
9번째	9	9 <= 10 : 참	45 ← 36 + 9	10 ← 9 + 1
10번째	10	10 <= 10 : 참	55 ← 45 + 10	11 ← 10 + 1
11번째	11	11 <= 10 : 거짓	반복 루프를 빠져나감	

직접 코딩해보기

10-1. 100에서 200까지의 정수 합계를 구하는 프로그램을 작성하시오.(while문)

04. 짝수 합계 구하기

짝수는 2로 나누었을 때 나머지가 0이 됩니다. 조건문의 조건식에서 짝수인지를 판단하는 방법은 아래와 같습니다. 즉, 어떤 수를 2로 나눈 나머지가 0인지를 확인해보면 됩니다.

```
x % 2 == 0
```

자 그럼 while문과 if문을 이용하여 1~100의 자연수 중에서 짝수의 합을 구하는 프로그램을 작성해 볼까요?

```
sum_even.py
File  Edit  Format  Run  Options  Window  Help

i = 1                                              ❶
sum = 0

while i <= 100 :                                   ❷
    if i % 2 == 0 :                                ❸
        sum = sum + i                              ❹

    i = i + 1                                      ❺

print("1~100의 짝수 합계 : %d" % sum)              ❻
```

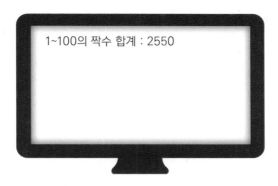

1~100의 짝수 합계 : 2550

1~100의 숫자 중에서 짝수의 합계를 구하는 흐름도를 그려보면 다음과 같습니다.

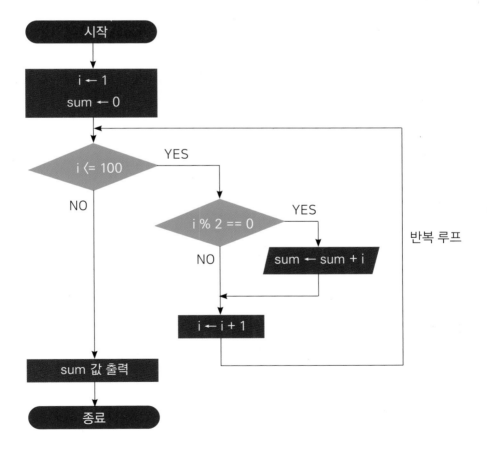

❶
```
i = 1
sum = 0
```

i를 1, sum을 0으로 초기화합니다.

❷
```
while i <= 100 :
```

조건식은 i가 1부터 100까지의 값을 가지는 동안 반복 루프가 진행됩니다. 반복 루프 동안에 ❸, ❹, ❺의 문장을 반복 실행하게 됩니다.

❸
```
    if i % 2 == 0 :
```

i를 2로 나눈 나머지가 0, 즉 짝수이면 ❹의 문장을 수행합니다. 바꾸어 말하면 ❹의 문장은 i가 짝수인 경우에만 수행됩니다.

❹
```
        sum = sum + i
```

❶에 의해 처음의 sum은 0 값을 가지고, 반복 루프가 진행되는 동안 i가 짝수인 경우에 i의 값이 sum 과 더해져서 sum에 누적 합계가 저장됩니다.

❺
```
    i = i + 1
```

i를 1만큼 증가시킵니다.

❻
```
print("1~100의 짝수 합계 : %d" % sum)
```

실행 결과에서와 같이 화면에 "1~100의 짝수 합계 : 2550"을 출력합니다.

1~100의 짝수 합계 대신 홀수의 합계를 구하려면 어떻게 하여야 할까요?

sum_even.py에서 ❸의 'if i % 2 == 0 :' 대신에 'if i % 2 == 1 :' 을 사용하면 됩니다.

1~100 사이의 수 중 3의 배수의 합계를 구하려면 sum_even.py 에서 ❸의 'if i % 2 == 0 :' 대신에 'if i % 3 == 0 :'를 사용하면 됩니다.

직접 코딩해보기

10-2. 1에서 100까지의 정수 중에서 홀수의 합계를 구하는 프로그램을 작성하시오.(while 문)

10-3. 1에서 1000까지의 정수 중에서 3의 배수 합계를 구하는 프로그램을 작성하시오.(while문)

10-4. 1에서 10000까지의 정수 중에서 5의 배수가 아닌 수의 합계를 구하는 프로그램을 작성하시오.(while문)

05. 화씨/섭씨 환산표 만들기

우리 나라의 여름 기온이 35도가 되면 무척 덥다고 합니다. 여기서 우리가 사용하는 온도는 섭씨(Celsius)입니다. 영국과 미국의 영향으로 영어권에서는 화씨(Fahrenheit) 온도를 사용합니다.

화씨를 섭씨로 변환하는 데는 다음의 공식을 이용합니다.

섭씨 = (화씨 – 32) / 1.8

자 그럼 while문을 이용하여 0 ~ 100(10씩 증가)까지의 화씨 온도에 대응되는 섭씨 온도를 구하는 방법에 대해 알아봅시다.

```
f2c.py

File Edit Format Run Options Window Help

print("-" * 30)                            ❶
print("%8s %8s" % ("화씨", "섭씨"))          ❷
print("-" * 30)

f = 0                                       ❸
while f <= 100 :                            ❹
    c = (f – 32) / 1.8                      ❺
    print("%10.2f %10.2f" % (f, c))         ❻
    f = f + 10                              ❼

print("-" * 30)
```

화씨는 미국, 섭씨는 우리나라 온도 단위!

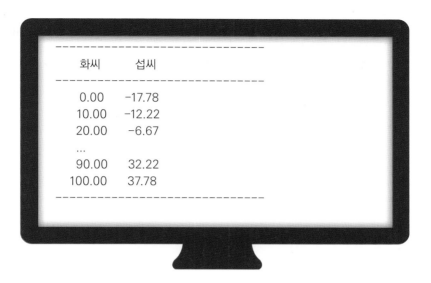

```
------------------------------
    화씨      섭씨
------------------------------
    0.00    -17.78
   10.00    -12.22
   20.00     -6.67
   ...
   90.00     32.22
  100.00     37.78
------------------------------
```

❶　print("-" * 30)

실행 결과의 첫 번째 줄에 나타난 것과 같이 "-"를 30번 반복해서 출력합니다.

❷　print("%8s %8s" % ("화씨", "섭씨"))

여기서 %8s는 문자열을 자리수를 8자리로 하여 출력합니다. 실행 결과에 두 번째 줄의 "화씨　　　　섭씨" 제목이 여기에 해당됩니다.

❸　f = 0

화씨 온도의 초기값을 0으로 설정합니다.

❹　while f <= 100 :

처음에 while 반복 루프는 f가 0~100까지의 값을 가지고 진행되는데 **❼**에 의해 f는 10씩 증가하게 됩니다.

❺
```
c = (f – 32) / 1.8
```

화씨 온도 f를 환산 수식에 대입하여 섭씨 온도를 구한 다음 그 값을 섭씨 온도를 의미하는 변수 c에 저장합니다.

❻
```
print("%10.2f %10.2f" % (f, c))
```

실행 결과에 나타난 것과 같이 화씨 온도 f와 섭씨 온도 c를 화면에 출력합니다. %10.2f는 실수를 출력할 때 소수점 두번째 자리까지 구하고 전체 자리수를 10으로 한다는 것을 의미합니다.

❼
```
f = f + 10
```

f를 10만큼 증가시킵니다.

다음 11장에서는
for문에 대해 공부!

연습문제 정답

Q10-1 정답 : num, 9, count, count
Q10-2 정답 : km, mile, yd, km
Q10-3 정답 : input, pound, pound

연습문제 10장. 반복문 : while문

Q10-1. while문을 이용하여 1000에서 10000까지의 자연수 중에서 9의 배수를 구하는 프로그램을 작성하시오. 단, 한 줄에 10개씩 출력함.

```
num = 1000
count = 0
while _____ <= 10000 :
    if num%_____ == 0 :
        print(num, end=" ")
        _____ = count + 1

        if _____ %10 == 0 :
            print()

    num = num + 1
```

※ 위의 프로그램 중 print() 함수에 사용된 end=" "는 print() 함수의 자동 줄 바꿈 대신 공백(" ")을 출력하는 데 사용됩니다. 따라서 데이터 값이 수평 방향으로 출력됩니다.

Q10-2. while문을 이용하여 10~200(10씩 증가) 킬로미터에 대응하는 마일, 야드의 길이 환산표를 만드는 프로그램을 작성하시오.

✅ **힌트**

마일 = 킬로미터 x 0.621371

야드 = 킬로미터 x 1093.6133

▦ 실행결과

```
==================================================
    킬로미터    마일      야드
==================================================
        10      6.21     10936.13
        20     12.42     21872.27
...
       200    124.20    218722.66
==================================================
```

```
print("=" * 50)
print("%12s %5s %8s" % ("킬로미터", "마일", "야드"))
print("=" * 50)
km = 10

while _____ <= 200 :
    _____ = km * 0.621371
    _____ = km * 1093.6133

    print("%12d %12.2f %12.2f" % (km, mile, yd))
    km = _____ + 10

print("=" * 50)
```

Q10-3. 키보드로 파운드를 입력 받아 킬로그램으로 환산하는 프로그램을 작성하시오.

✅ **조건**

키보드로 –1을 입력할 경우에 프로그램 종료함.

✅ **힌트**

킬로그램 = 파운드 x 0.453592

🖥 실행결과

파운드를 입력하세요(종료:-1) : 130
130 파운드(lb)는 58.97 킬로그램(kg)입니다.
파운드를 입력하세요(종료:-1) : 100
100 파운드(lb)는 45.36 킬로그램(kg)입니다.
파운드를 입력하세요(종료:-1) : –1
프로그램이 종료되었습니다!

```
pound = int(_____("파운드를 입력하세요(종료:-1) : "))

while True :
    if pound != -1 :
        kg = _____ * 0.453592
        print("%d 파운드(lb)는 %.2f 킬로그램(kg)입니다." % (pound, kg))
        _____ = int(input("파운드를 입력하세요(종료:-1) : "))
    else :
        break

print("프로그램이 종료되었습니다!")
```

※ 위의 프로그램 중 'else : ' 다음에 있는 break는 while문을 빠져나가는 데 사용합니다.

연습문제 정답은 182쪽에서 확인하세요

11장

반복문 : for문

01. for문의 기본 구조

for문은 while문과 마찬가지로 문장을 반복하는 데 사용됩니다. for문은 while문과 비교하여 구조가 더 간단합니다.

다음은 for문을 이용하여 '안녕하세요'를 화면에 10번 출력하는 프로그램입니다.

---

print_i.py

File Edit Format Run Options Window Help

```
for i in range(5) :
    print(i)
```

❶
```
for i in range(5) :
    print(i)
```

range(5)는 0부터 4까지의 정수 범위 값, 즉 0, 1, 2, 3, 4의 값을 가집니다. for문 반복 루프에서 변수 i는 range() 함수의 범위 값인 0, 1, 2, 3, 4의 값을 가집니다.

각 반복에서 for 다음 줄에 있는 print(i)를 실행되어 실행 결과에서와 같이 0~4의 숫자가 화면에 출력됩니다.

range(5)는 0~4
의 정수 범위!

02. range() 함수 사용법

range() 함수는 주로 for문과 같이 많이 사용되는 데 다음의 세 가지 사용 형식을 가지고 있습니다.

> (1) range(종료값)
>
> (2) range(시작값, 종료값)
>
> (3) range(시작값, 종료값, 증가_감소)

1 range(종료값)

range() 함수가 range(5), range(20)에서와 같이 하나의 '종료값'만을 가질 때의 사용법에 대해 다음 예제를 통해 알아 봅시다.

range1.py

File Edit Format Run Options Window Help

```
for i in range(20) :
    print(i, end=" ")
```
❶

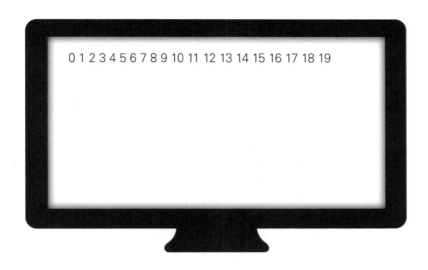

0 1 2 3 4 5 6 7 8 9 10 11 12 13 14 15 16 17 18 19

❶
```
for i in range(20) :
    print(i, end=" ")
```

range(20)은 0부터 19까지의 정수 범위 값, 즉 0, 1, 2, ..., 19의 값을 가집니다.

※ 종료값이 20인 경우에는 실제로는 종료값 보다 1이 작은 19까지 범위 값을 가진다는 점을 꼭 기억해 주세요.

따라서 for 반복 루프에서 변수 i는 0~19의 정수 값을 가지게 됩니다. 각 반복마다 print(i, end=" ") 문장을 실행하게 되어 실행 결과에서와 같이 숫자가 출력됩니다.

※ 10장의 183쪽에서 설명한 것과 같이 print() 함수에서 사용된 end=" "는 print() 함수가 데이터를 출력하고 줄 바꿈하는 대신 공백(" ")을 출력하게 합니다. 따라서 실행 결과에서와 같이 공백을 하나씩 삽입하면서 수평 방향으로 데이터 값이 출력됩니다.

❷ range(시작값, 종료값)

range() 함수가 range(5, 10), range(20, 100)에서와 같이 '시작값'과 '종료값'을 가지는 경우에 대해 알아 봅시다.

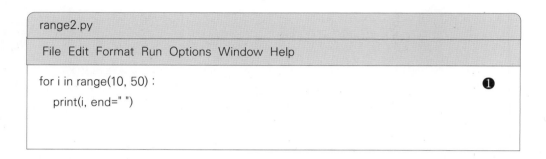

```
range2.py

File  Edit  Format  Run  Options  Window  Help

for i in range(10, 50) :                                    ❶
    print(i, end=" ")
```

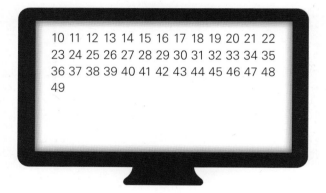

```
10 11 12 13 14 15 16 17 18 19 20 21 22
23 24 25 26 27 28 29 30 31 32 33 34 35
36 37 38 39 40 41 42 43 44 45 46 47 48
49
```

❶
```
for i in range(10, 50) :
    print(i, end=" ")
```

range(10, 50)은 10, 11, 12, ..., 49의 값을 가집니다. 여기서 10은 '시작값', 50은 종료값을 의미합니다.

※ 종료값이 50이면 실제로는 종료값 보다 1이 작은 49까지 범위 값을 가지게 됩니다.

❸ range(시작값, 종료값, 증가_감소)

이번에는 range() 함수가 range(1, 10, 2), range(20, 100, -1)에서와 같이 '시작값', '종료값', '증가_감소'으로 구성되는 예에 대해 알아 봅니다.

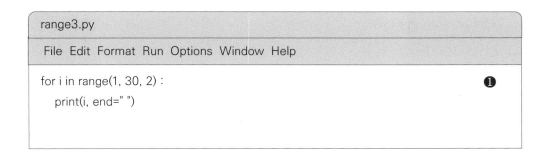

❶
```
for i in range(1, 30, 2) :
    print(i, end=" ")
```

range(1, 30, 2)는 1, 3, 5, ..., 27, 29의 값을 가집니다. 여기서 1은 '시작값', 30은 '종료값', 2는 '증가_감소'를 의미합니다. 1에서 시작해서 29까지 정수(2씩 증가) 값을 의미합니다.

03. 1~10 정수 합계 구하기

for문을 이용하여 1 ~ 10까지의 정수 합계를 구하는 프로그램을 작성해 봅시다.

1 + 2 + 3 + 4 + 5 + 6 + 7 + 8 + 9 + 10

for문으로 합계 구하기는 정말 쉽구나!

```
sum.py

File Edit Format Run Options Window Help

sum = 0                              ❶

for i in range(11) :                 ❷
    sum = sum + i

print("1~10의 합계 : %d" % sum)       ❸
```

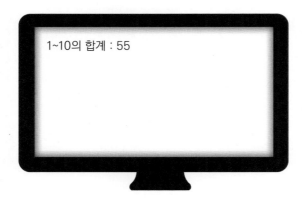

1~10의 합계 : 55

❶
```
sum = 0
```

누적 합계를 나타내는 변수 sum을 0으로 초기화합니다.

❷
```
for i in range(11) :
    sum = sum + i
```

range(11)은 1~10(1씩 증가), 즉 1, 2, 3, ..., 9, 10의 범위 값을 가집니다. 따라서 변수 i는 이 값들을 가지고 다음과 같은 반복 루프가 진행됩니다.

· 1번째 반복 : i가 1일 때

  sum + i는 0 + 1이 되어, 1의 값이 sum에 저장됩니다.

· 2번째 반복 : i가 2일 때

  sum + i는 1 + 2가 되어, 3의 값이 sum에 저장됩니다.

  ...

· 10번째 반복 : i가 10일 때

  sum + i는 45 + 10이 되어, 최종 합계인 55의 값이 sum에 저장됩니다.

❸
```
print("1~10의 합계 : %d" % sum)
```

1~10 자연수의 누적 합계인 sum의 값을 실행 결과에서와 같이 화면에 출력합니다.

04. 배수 합계 구하기

for문을 이용하여 3의 배수 합계를 구하는 방법에 대해 공부해 봅시다.

1 3의 배수 합계

다음은 for문을 이용하여 500~1000의 수 중에서 3의 배수의 합계를 구하는 프로그램입니다.

```
besu.py

File  Edit  Format  Run  Options  Window  Help

sum = 0                              ❶
for i in range(500, 1001) :          ❷
    if i % 3 == 0 :                  ❸
        print(i)
        sum = sum + i

print("합계 : %d" % sum)             ❹
```

3의 배수는 3으로 나눈 나머지가 0!

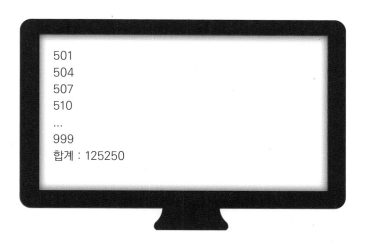

```
501
504
507
510
...
999
합계 : 125250
```

❶

```
sum = 0
```

누적 합계를 나타내는 변수 sum을 0으로 초기화합니다.

❷

```
for i in range(500, 1001) :
```

반복 루프에서 i는 500~1000(1씩 증가)의 범위 값인 500, 501, 502, ..., 1000를 가집니다.

❸

```
if i % 3 == 0 :
    print(i)
    sum = sum + i
```

i가 3의 배수인 경우, i의 값을 실행 결과에서와 같이 출력하고 누적 합계 sum을 구합니다.

❹

```
print("합계 : %d" % sum)
```

실행 결과의 마지막 줄에서와 같이 최종 합계 sum을 화면에 출력합니다.

② 5의 배수가 아닌 수의 합계

for문을 이용하여 1~1000의 수 중에서 5의 배수가 아닌 수의 합계를 구하는 프로그램을 작성해 봅시다.

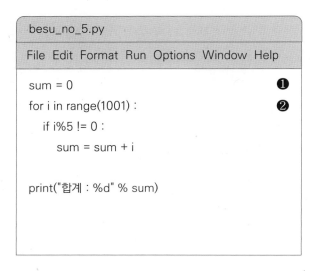

```
besu_no_5.py

File Edit Format Run Options Window Help

sum = 0                                    ❶
for i in range(1001) :                     ❷
    if i%5 != 0 :
        sum = sum + i

print("합계 : %d" % sum)
```

!= 는 '같지 않다'는 의미!

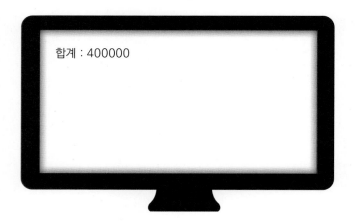

합계 : 400000

❶

```
sum = 0
```

누적 합계를 나타내는 변수 sum을 0으로 초기화합니다.

❷

```
for i in range(1001) :
    if i%5 != 0 :
        sum = sum + i
```

반복 루프에서 i는 1~1000(1씩 증가)의 범위 값인 1, 2, 3, ..., 1000를 가집니다.

sum = sum + i 의 문장은 i%5 != 0 이 참일 경우, 즉 i가 5의 배수가 아닐 경우에만 수행되어 5의배수가 아닌 수들의 누적 합계가 구해집니다.

11-1. 1에서 1000까지의 정수 중 3의 배수 또는 5의 배수가 아닌 수의 합계를 구하는 프로그램을 작성하시오.(for문)

05. 문자열 처리하기

문자열을 반복 처리하는 데에는 for문이 while문 보다 사용하기에 더 편리합니다.

■ 문장을 세로로 출력하기

키보드로 한글 또는 영어 문장을 입력받아 한 글자씩 세로로 출력하여 봅시다.

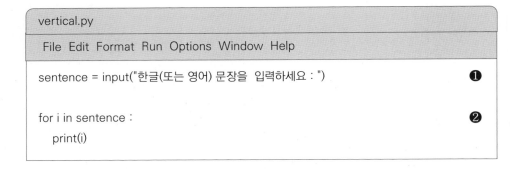

```
vertical.py

 File  Edit  Format  Run  Options  Window  Help

sentence = input("한글(또는 영어) 문장을  입력하세요 : ")          ❶


for i in sentence :                                          ❷
    print(i)
```

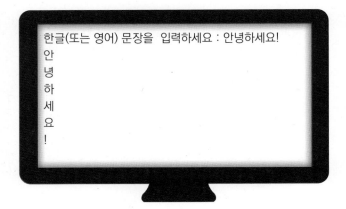

```
한글(또는 영어) 문장을  입력하세요 : 안녕하세요!
안
녕
하
세
요
!
```

❶
```
sentence = input("한글(또는 영어) 문장을  입력하세요 : ")
```

키보드로 한글 또는 영어 문장을 입력 받은 문자열을 sentence에 저장합니다.

❷
```
for i in sentence :
    print(i)
```

for문의 반복 루프에서 i는 문자열 sentence의 각 문자를 가집니다. 예를 들어 sentence가 "Hello!"이면 반복 루프에서 i의 값은 "H", "e", "l", "l", "o", "!"가 됩니다.

반복 루프가 진행되면서 print(i)를 수행하면 실행 결과에서와 같이 글자가 한 줄에 한 글자씩 출력됩니다.

※ print() 함수는 기본적으로 괄호 안의 명시된 변수나 데이터를 출력하고 자동으로 줄바꿈이 일어난다는 점에 유의해 주세요.

만약 "안 녕 하 세 요 !"에서와 같이 글자 사이에 공백을 입력하여 한 줄로 출력하려면 ❷의 print(i) 문장을 다음과 같이 변경하면 됩니다.

❷를 다음과 같이 수정(vertical2.py)

```
for i in sentence :
    print(i, end=" ")
```

□ 실행결과

```
한글(또는 영어) 문장을  입력하세요 : 안녕하세요!!!
안 녕 하 세 요 ! ! !
```

2 전화번호에서 하이픈(-) 제거하기

컴퓨터로 전화번호를 처리할 때 상황에 따라 하이픈(-)을 제거하거나 삽입해야 하는 경우가 종종 발생합니다.

키보드로 하이픈(-)을 포함한 전화번호를 입력 받아 하이픈만 제거하여 숫자만 출력하는 프로그램을 작성해 봅시다.

phone.py

File Edit Format Run Options Window Help

```
phone_numbers = input("하이픈(-)을 포함한 전화번호를 입력하세요 : ")

for i in phone_numbers :
    if i!="-" :
        print(i, end="")
```
❶

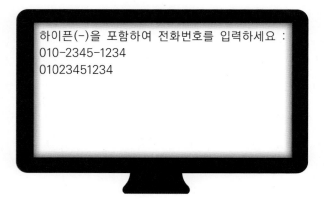

하이픈(-)을 포함하여 전화번호를 입력하세요 :
010-2345-1234
01023451234

❶
```
if i!="-" :
    print(i, end="")
```

반복 루프에서 i가 하이픈 "-" 이 아닐 때에만 print()로 그 값을 출력합니다.

end 옵션에 설정된 ""는 널(NULL), 즉 값이 없음을 의미합니다. 즉, 데이터를 붙여서 출력하게 됩니다.

❸ 공백 대신 밑줄(_) 삽입하기

이번에는 문장에 존재하는 공백 대신에 밑줄(_)을 삽입하는 프로그램을 작성해 봅시다.

```
space.py

 File  Edit  Format  Run  Options  Window  Help

string = input("문장을 입력하세요 : ")

for i in string :
    if i==" " :                                    ❶
        print("_", end="")
    else :
        print(i, end="")
```

문장을 입력하세요 : 호랑이에게 물려 가도 정신만 차리면 산다.
호랑이에게_물려_가도_정신만_차리면_산다.

❶
```
if i == " " :
    print("_", end="")
else :
    print(i, end="")
```

i가 공백(" ")이면, 밑줄("_")을 출력하고, 그렇지 않을 경우에는 그 문자 그대로인 i를 출력합니다.

직접 코딩해보기

11-2. 하이픈(-) 포함된 휴대폰 번호를 입력받아 'XXX/XXXX/XXXX' 형태로 출력하는 프로그램을 작성하시오.(for문)

06. 부피 단위 환산표 만들기

10장에서는 while문을 이용하여 온도, 길이, 무게 등의 단위 환산표를 만들어 보았습니다.

이번에는 for을 이용하여 부피 단위인 리터(*l*), 갤런(ga), 온스(oz)의 환산표를 만드는 방법에 대해 알아봅시다.

리터를 갤런과 온스로 변환하는 공식은 다음과 같습니다.

> 갤런 = 리터 x 0.264
> 온스 = 리터 x 33.814

---

volume.py

File Edit Format Run Options Window Help

```
print("-" * 40)
print("%8s %8s %8s" % ("리터", "갤런", "온스"))
print("-" * 40)

for liter in range(1, 51, 2) :                          ❶
    gallon = liter * 0.264                              ❷
    ounce  = liter * 33.814                             ❸
    print("%10.2f %10.2f %10.2f" % (liter, gallon, ounce))   ❹

print("-" * 40)
```

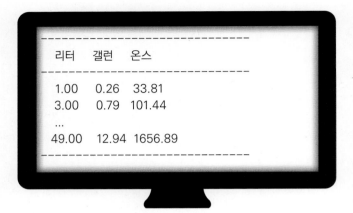

```
------------------------------
리터    갤런    온스
------------------------------
1.00    0.26    33.81
3.00    0.79    101.44
...
49.00   12.94   1656.89
------------------------------
```

❶   for liter in range(1, 51, 2) :

반복 루프에서 liter는 1~50(2씩 증가)의 범위 값(1, 3, 5, ..., 47, 49)의 값을 가집니다.

❷   gallon = liter * 0.264

liter에 0.264를 곱한 다음 galllon에 저장합니다.

❸   ounce = liter * 33.814

liter에 33.814를 곱하면 온스가 구해지는데 이 값을 ounce에 저장합니다.

❹   print("%10.2f %10.2f %10.2f" % (liter, gallon, ounce))

실행 결과에 나타난 것과 같이 각각의 liter, gallon, ounce의 값을 화면에 출력합니다.

반복문 끝~~
다음 12장에서는 리
스트 공부한당~~~

연습문제 정답

Q11-1 정답 : end, sentence, count, count
Q11-2 정답 : range, 3, end, 10

연습문제 11장. 반복문 : for문

Q11-1. 키보드로 영어 문장을 입력 받아 for문을 이용하여 문장에 있는 모음과 모음의 개수를 출력하는 프로그램을 작성하시오.

▣ 실행결과

영어 문장을 입력해 주세요 : No news is good news.
모음 : o e i o o e
모음의 개수 : 6

```
sentence =  input("영어 문장을 입력해 주세요 : ")
count = 0
print("모음 : ", _____ = "")
for i in _____ :
    if ( i == "a" or i == "A"  or i == "e" or i == "E" \
        or  i == "i" or i == "I" or i== "o" or i == "O" \
        or i == "u" or i == "U") :
        _____ = count + 1
        print(i, end=" ")

print("\n모음의 개수 : %d" % _____)
```

※ 위에서 \(역슬래쉬)는 한 줄에 하나의 문장이 끝나지 않고 다음 줄에 계속될 때 사용합니다. 그리고 \n은 줄바꿈을 의미합니다.

Q11-2. for문을 이용하여 1~200까지의 정수 중에서 3의 배수의 누적 합을 실행 결과 포맷으로 출력하는 프로그램을 작성하시오. 단, 출력 시 한 줄에 10개씩 출력함.

✅ 힌트

한 줄에 10개씩 출력하기 : 하나의 데이터를 출력할 때 마다 횟수를 카운트한 다음 10의 배수 (10으로 나눈 나머지가 0)일 때 줄바꿈한다.

▦ 실행결과

```
     0     3     9    18    30    45    63    84   108   135
...
  3825  3978  4134  4293  4455  4620  4788  4959  5133  5310
  5490  5673  5859  6048  6240  6435  6633
```

```
count = 0
sum = 0
for i in _____(201) :
    if i % ____ == 0 :
        sum = sum + i
        print("%6d" % sum, _____="")
        count = count + 1

        if count % _____ == 0 :
            print()
```

연습문제 정답은 207쪽에서 확인하세요

12장

리스트

01. 리스트란?

8명 학생들의 영어 성적의 합계와 평균을 구하는 프로그램을 생각해 봅시다.

그러면 각 학생의 성적 데이터를 입력하기 위해 score1=80, score2=95, score3=87, ... score8=76 에서와 같이 변수를 여러 개 만들어야 하면 무척 불편하겠지요?

이 때 필요한 것이 리스트입니다. 리스트(List)를 이용하면 위의 학생들의 영어 성적을 다음과 같이 저장할 수 있어 대용량의 데이터를 다루기가 쉬워집니다.

```
scores = [ 80, 95, 87, 83, 96, 67, 68, 76]
```

1 리스트의 요소 읽기

자 그럼 위에서 만든 리스트 scores에서 데이터를 읽어오는 방법에 대해 알아봅시다.

---

read.py

File Edit Format Run Options Window Help

```
scores = [ 80, 95, 87, 83, 96, 67, 68, 76]      ❶
print(scores)                                    ❷
print(scores[0])                                 ❸
print(scores[4])                                 ❹
print(scores[2:5])                               ❺
```

```
[80, 95, 87, 83, 96, 67, 68, 76]
80
96
[87, 83, 96]
```

❶ scores = [80, 95, 87, 83, 96, 67, 68, 76]

리스트 scores에 8명의 성적 데이터를 저장합니다.

❷ print(scores)

실행 결과의 첫 번째 줄에서와 같이 리스트 scores를 화면에 출력합니다.

❸ print(scores[0])

실행 결과의 두 번째 줄에서와 같이 리스트의 첫 번째 원소인 80을 화면에 출력합니다.

scores[0]에서 중괄호([ ]) 안에 사용된 0과 같은 것을 '인덱스(index)'라고 부릅니다.
이 인덱스는 4장 66쪽에서 설명한 문자열의 인덱스와 동일한 것입니다.

리스트의 인덱스는 요소의 위치를 나타내는 데 사용합니다. 0은 첫 번째 요소, 1은 두 번째
요소, 2는 세 번째 요소, ... 를 가리킵니다.

※ 인덱스는 0부터 시작합니다. 리스트의 요소가 100개가 존재하면 인덱스는 0~99의 값을
가집니다.

문자열의 인덱스와 마찬가지로 리스트의 인덱스도 0부터 시작한다는 것을 꼭 기억해 주세요!

❹
```
print(scores[4])
```

scores[4]는 리스트 scores의 다섯 번째 요소인 96의 값을 갖게 됩니다. 따라서 print(scores[4])는 실행 결과의 세 번째 줄에서와 같이 96을 화면에 출력합니다.

❺
```
print(scores[2:5])
```

print(scores[2:5])는 인덱스 2~4까지의 요소 값을 의미합니다.

실행 결과의 마지막 줄에 나타난 것과 같이 리스트 scores의 세 번째에서 다섯 번째 요소의 값인 [87, 83, 96]을 화면에 출력합니다.

2 리스트의 연산과 길이 구하기

리스트를 서로 합치는 데는 + 기호를 이용하고, 리스트를 반복시키는 데에는 * 기호를 이용하고, 리스트의 길이를 구하는 데는 len() 함수를 이용합니다.

```
merge.py

File  Edit  Format  Run  Options  Window  Help

a = [1, 2, 3]
b = [4, 5, 6]
c = a + b                              ❶
print("리스트 c :", c)

d = [10, 20, 30]
e = d * 3                              ❷
print("리스트 e :", e)

print("리스트 e의 길이 : %d" % len(e))   ❸
```

+ : 합치기
* : 반복하기
len() : 길이

```
리스트 c : [1, 2, 3, 4, 5, 6]
리스트 e : [10, 20, 30, 10, 20, 30, 10, 20, 30]
리스트 e의 길이 : 9
```

❶
```
c = a + b
print("리스트 c :", c)
```

리스트 a와 리스트 b를 합쳐서 리스트 c에 저장합니다. 실행 결과의 첫 번째 줄을 보면 리스트 c 는 [1, 2, 3, 4, 5, 6]의 값을 가지고 있는 것을 알 수 있습니다.

❷
```
e = d * 3
print("리스트 e :", e)
```

리스트 e는 리스트 d를 3번 반복하게 됩니다. 실행 결과의 두 번째 줄에 나타난 것과같이 리스트 e의 값, [10, 20, 30, 10, 20, 30, 10, 20, 30]를 화면에 출력합니다.

❸
```
print("리스트 e의 길이 : %d" % len(e))
```

len(e)는 리스트 e의 길이인 9의 값을 가집니다. 실행 결과의 마지막 줄을 보면 리스트 e의 길이가 9임을 알 수 있습니다.

02. 리스트에 반복문 사용하기

여러 개의 요소 값을 가진 리스트는 for문이나 while문과 같은 반복문이랑 같이 사용되는 경우가 많습니다.

반복문을 리스트에 이용하면 리스트의 요소를 반복해서 읽을 수 있습니다.

1 리스트에 for문 사용하기

다음 예제에서와 같이 리스트에 for문을 이용하면 리스트의 요소를 쉽게 읽어올 수 있습니다.

리스트랑 for문은
좋은 친구!

```
for.py

File  Edit  Format  Run  Options  Window  Help

animals = [ "펭귄", "토끼", "여우", "원숭이", "사슴"]          ❶

for animal in animals :                                    ❷
    print("내가 좋아하는 동물 : %s" % animal)
```

```
내가 좋아하는 동물 : 펭귄
내가 좋아하는 동물 : 토끼
내가 좋아하는 동물 : 여우
내가 좋아하는 동물 : 원숭이
내가 좋아하는 동물 : 사슴
```

❶
```
animals = [ "펭귄", "토끼", "여우", "원숭이", "사슴"]
```

다섯 마리의 동물 이름으로 구성된 리스트 animals를 만듭니다.

❷
```
for animal in animals :
    print("내가 좋아하는 동물 : %s" % animal)
```

for 루프가 진행되는 동안 animal은 리스트의 각 요소, 즉 문자열 "펭귄", "토끼", "여우", "원숭이", "사슴"을 갖게 됩니다.

for문 내에 있는 print() 함수에 의해 실행 결과에서와 같이 출력됩니다.

다음에는 리스트와 for문을 이용하여 다섯 과목 성적의 합계와 평균을 구해볼까요?

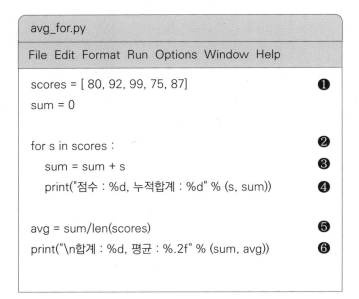

```
avg_for.py

File  Edit  Format  Run  Options  Window  Help

scores = [ 80, 92, 99, 75, 87]                              ❶
sum = 0

for s in scores :                                           ❷
    sum = sum + s                                           ❸
    print("점수 : %d, 누적합계 : %d" % (s, sum))            ❹

avg = sum/len(scores)                                       ❺
print("\n합계 : %d, 평균 : %.2f" % (sum, avg))             ❻
```

list! for! 성적 처리가 쉽당~~~

```
점수 : 80, 누적 합계 : 80
점수 : 92, 누적 합계 : 172
점수 : 99, 누적 합계 : 271
점수 : 75, 누적 합계 : 346
점수 : 87, 누적 합계 : 433

합계 : 433, 평균 : 86.60
```

❶   scores = [80, 92, 99, 75, 87]

다섯 과목의 성적을 리스트 scores에 저장합니다.

❷
```
for s in scores :
```

for 루프가 진행되는 동안 s는 리스트의 각 요소, 즉 80, 92, 99, 75, 87의 값을 갖게 됩니다.

❸
```
    sum = sum + s
```

sum에 s의 값들의 합이 누적되어 for 루프가 끝나면 다섯 과목의 최종 합계가 sum에 저장됩니다.

❹
```
    print("점수 : %d, 누적 합계 : %d" % (s, sum))
```

for 루프 동안 각 성적 s와 누적 합계 sum을 실행 결과에서와 같이 출력합니다.

❺
```
avg = sum/len(scores)
```

len(scores)는 리스트의 길이를 의미하기 때문에 5의 값을 갖습니다. 따라서 avg는 다섯 과목을 평균 값을 나타냅니다.

❻
```
print("\n합계 : %d, 평균 : %.2f" % (sum, avg))
```

실행 결과의 마지막 줄에서와 같이 합계 sum과 평균 avg를 화면에 출력합니다. \n은 줄바꿈 코드를 의미합니다.

② 리스트에 while문 사용하기

앞에서는 for문을 이용하여 다섯 과목의 합계와 평균을 구하였는데 동일한 프로그램을 while
문으로 작성해 봅시다.

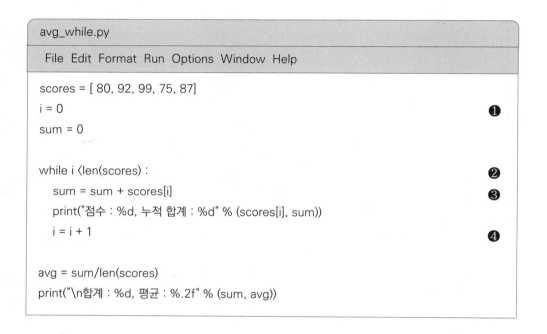

```
scores = [ 80, 92, 99, 75, 87]
i = 0                                                          ❶
sum = 0

while i <len(scores) :                                         ❷
    sum = sum + scores[i]                                      ❸
    print("점수 : %d, 누적 합계 : %d" % (scores[i], sum))
    i = i + 1                                                  ❹

avg = sum/len(scores)
print("\n합계 : %d, 평균 : %.2f" % (sum, avg))
```

❶   i = 0

while문을 사용할 때에는 while문에서 사용되는 변수의 초기값을 설정하여야 합니다. i는
while문에서 사용되는 리스트의 인덱스를 의미합니다.

인덱스는 0부터 시작하기 때문에 i를 0으로 초기화하는것입니다.

```
점수 : 80, 누적 합계 : 80
점수 : 92, 누적 합계 : 172
점수 : 99, 누적 합계 : 271
점수 : 75, 누적 합계 : 346
점수 : 87, 누적 합계 : 433

합계 : 433, 평균 : 86.60
```

❷   while i ⟨ len(scores) :

len(scores)는 리스트의 길이인 5의 값을 갖게 됩니다. 따라서 while 루프는 i가 0 ~ 4의 값을 가지고 다섯 번 반복됩니다.

❸   sum = sum + scores[i]

scores[i]에서 i는 리스트 scores 인덱스를 나타내며, 0, 1, 2, 3, 4의 값을 갖게 됩니다. 따라서 while 반복 루프가 끝나게 되면 다섯 과목의 합계가 저장되게 됩니다.

❹   i = i + 1

while의 조건식에서 사용되는 변수인 i를 1만큼 증가시킵니다.

만약 i의 값이 증가하거나 감소하지 않아 값에 변화가 없으면 while 루프가 무한 반복하게 되니 주의하여 주세요.

03. 리스트 요소 추가/수정하기

리스트의 요소는 필요에 따라 추가되거나 삭제될 수 있습니다.

 예를 들어 리스트를 이용하여 회원 관리를 하게 되면, 신입 회원이 들어오면 그 회원 정보를 추가하여야 하고, 반대로 탈퇴하는 회원 정보를 삭제하여야 합니다.

다음 예제를 통하여 회원 정보를 담고 있는 리스트에 데이터를 추가하고 수정하는 방법에 대해 알아 봅시다.

---

append.py

File Edit Format Run Options Window Help

```
member = ["황재호", "010-1234-5678", 35, "경기도 성남시 우리로 123"]    ❶
member.append("goldmont@naver.com")                                    ❷
print(member)

print(member[1])                                                       ❸

member[1] = "010-1111-2222"                                            ❹
print(member[1])
```

---

❶   member = ["황재호", "010-1234-5678", 35, "경기도 성남시 우리로 123"]

리스트 member에 회원의 이름, 전화번호, 나이, 주소 데이터를 저장합니다.

```
['황재호', '010-1234-5678', 35, '경기도 성남시 우리로
123', 'goldmont@naver.com']
010-1234-5678
010-1111-2222
```

❷
```
member.append("goldmont@naver.com")
print(member)
```

member.append("goldmont@naver.com")는 리스트 member의 마지막에 이메일 주소
"goldmont@naver.com"을 추가합니다.

print(member)는 실행 결과의 첫 번째 줄에서와 같이 이메일 주소가 추가된 리스트의 데이
터를 출력합니다.

❸
```
print(member[1])
```

print(member[1])은 인덱스 1이 가리키는 데이터, 즉 리스트의 두 번째 요소의 값인 "010-
1234-5678"를 실행 결과에서와 같이 화면에 출력합니다.

❹
```
member[1] = "010-1111-2222"
print(member[1])
```

리스트 member의 두 번째 요소의 값을 "010-1111-2222"로 변경한 다음 실행 결과의 마
지막 줄에 나타난 것과 같이 출력합니다.

04. 리스트 요소 삭제하기

이번에는 다음 예제를 통하여 remove() 함수를 이용하여 리스트의 요소를 삭제하는 방법에 대해 알아 봅시다.

---

remove.py

File Edit Format Run Options Window Help

```
scores = [80, 70, 90, 100, 60]          ❶
print(scores)

scores.remove(70)                        ❷
print(scores)
```

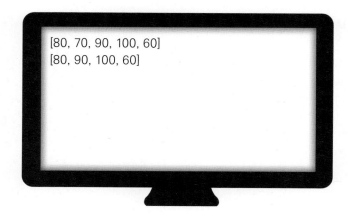

```
[80, 70, 90, 100, 60]
[80, 90, 100, 60]
```

❶

```
scores = [80, 70, 90, 100, 60]
print(scores)
```

리스트 scores에 5개의 점수를 입력하고, 실행 결과의 첫 번째 줄에서와 같이 출력합니다.

❷

```
scores.remove(70)
print(scores)
```

리스트 scores의 요소 중 요소의 값이 70인 데이터를 삭제하고 화면에 출력합니다. 실행 두 번째 줄을 보면 70의 값을 가진 요소가 삭제되어 있음을 확인할 수 있습니다.

다음 13장에서는 함수에 대해 공부 한당~~~

연습문제 정답

Q12-1 정답 : append, score, scores, avg

Q12-2 정답 : 0, len, i, scores

연습문제 12장. 리스트

Q12-1. 키보드로 성적을 입력 받아 리스트에 저장한 다음 평균을 구하는 프로그램을 작성하시오. 단, −1을 입력했을 때 성적 입력을 종료함.

⌨ 실행결과

```
성적을 입력하세요(종료 시 −1 입력) : 98
성적을 입력하세요(종료 시 −1 입력) : 97
성적을 입력하세요(종료 시 −1 입력) : 76
성적을 입력하세요(종료 시 −1 입력) : 78
성적을 입력하세요(종료 시 −1 입력) : 88
성적을 입력하세요(종료 시 −1 입력) : 67
성적을 입력하세요(종료 시 −1 입력) : 95
성적을 입력하세요(종료 시 −1 입력) : 83
성적을 입력하세요(종료 시 −1 입력) : 79
성적을 입력하세요(종료 시 −1 입력) : −1
입력된 성적 : [98, 97, 76, 78, 88, 67, 95, 83, 79]
평균 : 84.56
```

```python
a = int(input("성적을 입력하세요(종료 시 −1 입력) : "))

scores = []
```

```
while a != -1 :
    scores._____(a)
    a = int(input("성적을 입력하세요(종료 시 -1 입력) : "))

sum = 0
for _____ in scores :
    sum = sum + score

avg = sum/len(_____)
print("입력된 성적 : ", scores)
print("평균 : %.2f" % _____)
```

※ scores = [] 는 빈 리스트 scores를 생성한다.

Q12-2. 40명의 학생의 성적을 리스트에 저장한 다음, 실행 결과에 나타난 것과 같이 90점 이상, 80점 이상, 70점 이상, 60점 이상, 60점 미만에 대응하는 학생 인원을 화면에 표시하는 프로그램을 작성하시오.

▤ 실행결과

```
----------------------------------------------

    점수      인원

----------------------------------------------

   90점 이상    13명
   80점 이상    10명
   70점 이상    3명
   60점 이상    8명
   60점 미만    6명

----------------------------------------------

   전체인원     40명

----------------------------------------------
```

```python
scores = [65, 78, 55, 38, 98, 88, 77, 64, 100, 80,
          85, 98, 59, 99, 68, 87, 99, 46, 85, 93,
          85, 98, 59, 99, 68, 87, 99, 46, 85, 93,
          67, 99, 63, 79, 92, 80, 68, 62, 96, 84]
i = _____
num1 = 0
num2 = 0

num3 = 0
num4 = 0
num5 = 0

while i < _____(scores) :
    if scores[i] >= 90:
        num1 = num1 + 1
    elif scores[i] >= 80:
        num2 = num2 + 1
    elif scores[i] >= 70:
        num3 = num3 + 1
    elif scores[i] >= 60:
        num4 = num4 + 1
    else :
        num5 = num5 + 1
    _____ = i + 1

print("-"*50)
print("%10s %11s" % ("점수", "인원"))
print("-"*50)
```

```
print("%12s %8d명" % ("90점 이상", num1))
print("%12s %8d명" % ("80점 이상", num2))
print("%12s %8d명" % ("70점 이상", num3))
print("%12s %8d명" % ("60점 이상", num4))
print("%12s %8d명" % ("60점 미만", num5))
print("-"*50)
print("%10s %9d명" % ("전체인원", len(_____)))
print("-"*50)
```

연습문제 정답은 225쪽에서 확인하세요

13장

함수

01. 함수란?

우리가 지금까지 사용해 온 print() 함수는 변수나 데이터를 화면에 출력, input() 함수는 키보드로 데이터를 입력, int() 함수는 문자열이나 실수형 변수를 정수형으로 변환, len() 함수는 문자열이나 리스트의 길이를 구하는 데 사용합니다.

이와 같이 함수(Function)는 어떤 기능을 수행하는 프로그램 코드를 의미합니다.

함수는 function! function은 기능!

🔳 함수의 종류

함수는 크게 두 가지로 나누어 볼 수 있습니다.

❶ 내장 함수

함수의 기능이 파이썬 자체에 내장되어 있는 함수로 print(), input(), int(), str(), len(), append(), remove() 등 지금까지 사용해 온 함수들은 모두 내장 함수입니다.

❷ 사용자 함수

파이썬에서는 내장 함수 외에도 사용자가 직접 함수를 만들어서 사용할 수 있습니다. 이와 같이 사용자가 정의해서 사용하는 함수를 사용자 함수라고 합니다.
이번 장에서 이 사용자 함수에 대해 자세히 공부하게 됩니다.

② 함수의 정의와 호출

사용자 함수를 사용하기 위해서는 먼저 함수의 기능을 정의한 다음 필요 시에 그 함수를 호출하여 사용합니다.

다음의 예제를 통하여 사용자 함수를 정의하고 호출하는 방법에 대해 알아봅시다.

```
func1.py

File  Edit  Format  Run  Options  Window  Help

def hello() :                              ❶  ┐ 함수정의
    print("안녕~~~")                          ┘

hello()                                    ❷  ┐
hello()                                    ❸  │ 함수호출
hello()                                    ❹  ┘
```

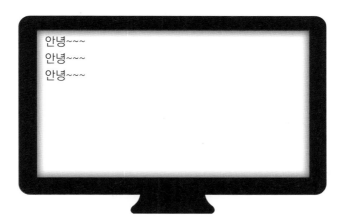

```
안녕~~~
안녕~~~
안녕~~~
```

(1) 함수 정의

❶
```
def hello() :
␣print("안녕~~~")
```

def는 'define(정의하다)'의 약어로 함수를 정의하는 데 사용합니다.

hello() 함수 내에 기술되어 있는 print("안녕~~~") 문장에 의해 hello() 함수의 기능은 화면에 "안녕~~~"을 출력하는 기능을 갖게 됩니다.

그리고 'def 함수명() :' 다음에 나오는 문장들은 if문, for문, while문에서와 같이 들여쓰기를 해야 합니다.

(2) 함수 호출

❷
```
hello()
```

hello()는 ❶에서 정의된 hello() 함수를 호출합니다. 함수 호출이 일어나면 ❶의 함수 정의에서 기술된 함수를 실행하게 됩니다.

따라서 실행 결과의 첫 번째 줄에 나타난 것과 같이 "안녕~~~"을 화면에 출력합니다.

❸
```
hello()
```

hello() 함수를 재호출합니다. 실행 결과의 두 번째 줄에 나타난 것과 같이 "안녕~~~"을 화면에 출력합니다.

❹
```
hello()
```

hello() 함수를 또 다시 재호출합니다. 실행 결과의 세 번째 줄에 나타난 것과 같이 "안녕~~~"을 화면에 출력합니다.

만약 앞에서 정의된 hello() 함수를 100번 호출하려면 ❷~❹ 대신에 for문을 사용하여 다음과 같이 변경하면 됩니다.

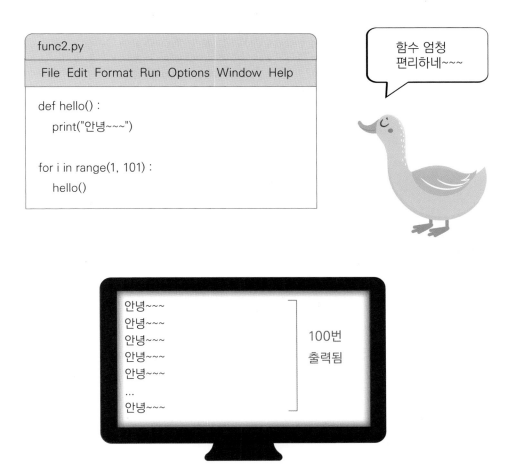

이와 같이 hello() 함수를 한번만 정의해 놓으면 언제 몇 번이든 그 함수를 호출하여 실행시킬 수 있습니다.

02. 함수의 구조

앞에서는 함수의 역할과 함수를 정의하고 호출하여 사용하는 방법에 대해 공부했습니다. 이번에는 함수 정의에서 함수가 어떠한 구성 요소를 가지고 있는지 공부해 봅시다.

다음은 함수를 이용하여 어떤 수가 짝수인지 홀수인지를 판별하는 프로그램입니다.

이 예제를 통하여 함수의 구조에 대해 알아봅니다.

---

func3.py

File Edit Format Run Options Window Help

```
❶ def even_odd(n) :                          함수명
❷     if n % 2 == 0 :                        매개변수
           result = "짝수"
       else :                                내용        함수 정의
           result = "홀수"
❸     return result                          반환

❹ num = int(input("자연수를 입력하세요 : "))
❺ print("%d => %s" % (num, even_odd(num)))
                                              함수 호출
```

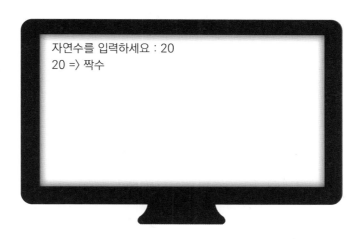

```
자연수를 입력하세요 : 20
20 => 짝수
```

이 예제에서와 같이 일반적으로 함수 정의부에서 함수는 함수명, 매개변수, 내용, 반환의 네 가지 구성 요소를 가집니다.

자 그럼 이 구성 요소들이 어떤 역할을 하고 이 프로그램이 어떻게 동작하는 지 살펴봅시다.

※ 프로그램의 시작은 ❹부터 시작됩니다. ❶ ~ ❸에 정의된 even_odd() 함수는 ❺의 함수 호출이 일어나기 전에는 실행되지 않습니다.

정의된 함수는 반드시 함수가 호출되었을 때만 실행된다는 점을 꼭 기억해 주세요!

❹   num = int(input("자연수를 입력하세요 : "))

키보드로 자연수를 입력 받아 정수로 변환한 다음 num에 저장합니다.

❺   print("%d => %s" % (num, even_odd(num)))

print() 함수가 실행되기 전에 even_odd(num)에 의해 even_odd() 함수 호출이 일어납니다. 이 때 변수 num의 값이 ❶의 매개변수 n에 복사됩니다.

❶

```
def even_odd(n) :
```

even_odd() 함수를 정의합니다. 함수명은 even_odd()에서와 같이 영문, 숫자, 밑줄(_)
등을 조합해서 사용하면 됩니다.
n을 매개변수라고 하는데 ❺의 함수 호출 시에 사용된 변수 num의 값이 이 매개변수 n에
복사됩니다. 따라서 n은 결국 ❹에서 키보드로 입력 받은 숫자가 되는 것입니다.

❷

```
if n % 2 == 0 :
    result = "짝수"
else :
    result = "홀수"
```

n을 2로 나눈 나머지가 0이면 변수 result에 "짝수"를 입력하고, 그렇지 않으면 result에
"홀수"를 입력합니다.

❸

```
return result
```

변수 result의 값을 함수 값으로 반환합니다. 그리고 나서 다시 even_odd() 함수를 호출
한 ❺로 돌아갑니다.

❺

```
print("%d => %s" % (num, even_odd(num)))
```

앞의 ❶~❸의 even_odd() 함수가 실행되었기 때문에 ❸에서 반환하는 함수 값 result
가 even_odd(num)의 값이 됩니다.
실행 결과에서와 같이 20의 숫자가 입력되면 even_odd(num)의 값은 함수의 반환 값,
즉 result의 값인 "짝수"가 됩니다.
따라서 실행 결과에서와 같이 "20 => 짝수"가 출력됩니다.

※ 만약 키보드로 15와 같은 홀수가 입력되면, 실행 결과는 "15 => 홀수"가 될 것입니다.

03. 함수의 활용

1 함수로 삼각형 면적 구하기

다음은 키보드로 삼각형의 밑변과 높이를 입력 받아 함수를 이용하여 삼각형의 면적을 구하는 프로그램입니다.

---

triangle.py

File　Edit　Format　Run　Options　Window　Help

```
def triangle(a, b) :                                          ❶
    c = a * b * (1/2)
    return c

length = int(input("삼각형의 밑변의 길이를 입력하세요 : "))     ❷
height = int(input("삼각형의 높이를 입력하세요 : "))

area = triangle(length, height)                              ❸

print("밑변의 길이 : %d cm, 높이 : %d cm" % (length, height))  ❹
print("삼각형의 면적 : %.2f cm2" % area)
```

```
삼각형의 밑변의 길이를 입력하세요 : 20
삼각형의 높이를 입력하세요 : 10
밑변의 길이 : 20 cm, 높이 : 10 cm
삼각형의 면적 : 100.00 cm2
```

❷
```
length = int(input("삼각형의 밑변의 길이를 입력하세요 : "))
height = int(input("삼각형의 높이를 입력하세요 : "))
```

키보드로 삼각형의 밑변의 길이와 높이를 입력 받아 각각 length와 height에 저장합니다.

❸
```
area = triangle(length, height)
```

triangle(length, height)는 ❶에서 정의된 triangle() 함수를 호출합니다. 이 때 length와 height는 ❶의 triange() 함수의 매개변수 a와 b로 각각 그 값이 복사되어 전달됩니다.

❶
```
def triangle(a, b) :
    c = a * b * (1/2)
    return c
```

매개변수 a는 삼각형의 밑변의 길이, 그리고 b는 삼각형의 높이를 의미합니다.

a * b * (1/2)에 의해 삼각형의 면적을 구해 c에 저장한 다음 return에 의해 c의 값을 함수 값으로 반환합니다.

❸   area = triangle(length, height)

triangle(length, height)은 ❶에서 정의된 triangle() 함수를 실행하여 반환되는 함수 값 c 를 area에 저장합니다.

이렇게 함으로써 area는 삼각형의 면적의 값을 갖게 됩니다.

❹   print("밑변의 길이 : %d cm, 높이 : %d cm" % (length, height))
      print("삼각형의 면적 : %.2f cm2" % area)

실행 결과에서와 같이 밑변의 길이와 높이, 그리고 삼각형의 면적을 화면에 출력합니다.

❷ 함수로 정수 합계 구하기

사용자 함수를 이용하여 정수의 합계를 구하는 프로그램을 작성해 봅시다.

---

total.py

File   Edit   Format   Run   Options   Window   Help

```
def total(start, end) :                    ❶
    sum = 0
    for i in range(start, end+1) :
        sum = sum + i
    return sum

print(total(1, 10))                        ❷
print(total(200, 300))                     ❸
print(total(5000, 8000))                   ❹
```

```
55
25250
19506500
```

❶에서는 정수의 합계를 구하는 total() 함수를 정의하고 있습니다.

❷

```
print(total(1, 10))
```

total(1, 10)은 ❶에서 정의된 total() 함수를 호출합니다. 이 때 1과 10이 각각 함수의 매개변수 start와 end로 복사됩니다.

❶의 total() 함수의 실행이 완료되면 for문에 의해 1 ~ 10까지의 정수 합계가 구해 집니다. 구해진 합계 sum은 return문에 의해 함수 값으로 반환됩니다.

결론적으로, print(total(1, 10))은 실행 결과의 첫 번째 줄에서와 같이 total() 함수의 반환 값인 sum, 1~10의 합계인 55를 화면에 출력합니다.

❸

```
print(total(200, 300))
```

❷에서와 같은 방식으로 total(200, 300)은 실행 결과의 두 번째 줄에서와 같이 200~300의 정수 합계인 25250을 화면에 출력합니다.

④ `print(total(5000, 8000))`

앞에서와 같은 방식으로 print(total(5000, 8000))은 실행 결과의 마지막 줄에 나타난 19506500의 값을 화면에 출력합니다.

다음 14장에서는 파이썬 터틀 그래픽에 대해 공부합니당!

연습문제 정답

Q13-1 정답 : def, n, x

Q13-2 정답 : x, y, find

Q13-3 정답 : s, result, bunja

Q13-4 정답 : square, True, n

Q13-5 정답 : def, p, result, password

Q13-6 정답 : reverse, char, string, data

Q13-1. 다음은 키보드로 입력된 정수의 절대값을 구하는 프로그램이다. 밑줄 친 부분을 채워 프로그램을 완성하시오.

🔲 실행결과

정수를 입력하세요: -10
10

```
_____ my_abs(_____):
    if n < 0 :
        return -n
    else :
        return n

x = int(input("정수를 입력하세요: "))

result = my_abs(_____)

print(result)
```

Q13-2. 다음은 x 좌표와 y 좌표를 입력 받아 그 지점이 몇 사분면에 있는지를 판단하는 프로그램이다. 밑줄 친 부분을 채워 프로그램을 완성하시오.

📟 실행결과

x 좌표를 입력하세요 :10
y 좌표를 입력하세요 :20
1사분면

```
def find(_____, _____):
    if x>0 and y>0:
        print("1사분면")
    elif x<0 and y>0:
        print("2사분면")
    elif x<0 and y<0:
        print("3사분면")
    else:
        print("4사분면")

x = int(input("x 좌표를 입력하세요 :"))
y = int(input("y 좌표를 입력하세요 :"))

_____(x, y)
```

Q13-3. 다음은 대분수의 자연수 부분, 분모, 분자를 입력 받아 가분수로 변환하는 프로그램이다. 밑줄 친 부분을 채워 프로그램을 완성하시오.

> ▦ 실행결과
> 대분수의 자연수 부분을 입력하세요 :5
> 대분수의 분모를 입력하세요 :2
> 대분수의 분자를 입력하세요 :3
> 2분의 13

```
def de_to_ga(n, bunmo, bunja):
    s = n * bunmo + bunja

    return _____

n = int(input("대분수의 자연수 부분을 입력하세요 :"))
bunmo = int(input("대분수의 분모를 입력하세요 :"))
bunja = int(input("대분수의 분자를 입력하세요 :"))

_____ = de_to_ga(n, bunmo, _____)

print(str(bunmo)+"분의 "+str(result))
```

Q13-4. 다음은 정수를 입력 받아 완전제곱수인지를 판별하는 프로그램이다. 밑줄 친 부분을 채워 프로그램을 완성하시오.

완전제곱수란?
어떤 정수(보통 자연수)를 제곱하여 만들어지는 수이다.
예를들어 1,4,9,16,25.. 등은 완전제곱수이다.

▦ 실행결과
자연수를 입력하세요 :49
완전제곱수입니다.

```
def _____(n):
    square_n = False
    for i in range(1, n+1):
        if i**2 == n:
            square_n = _____
            break
    return square_n


n = int(input("자연수를 입력하세요 :"))


if square(_____):
    print("완전제곱수입니다.")
else:
    print("완전제곱수가 아닙니다.")
```

Q13-5. 다음은 키보드로 비밀번호를 입력 받아 비밀번호가 맞는지를 판단하는 프로그램이다. 밑줄 친 부분을 채워 프로그램을 완성하시오.

✅ **조건**

비밀번호를 체크하는 함수에서는 사용자가 키보드로 입력한 비밀번호를 매개변수로 받아 정답 비밀번호(12345)와 일치하는 지를 체크하여 맞으면 True, 틀리면 False를 반환한다.

▱ **실행결과**

비밀번호를 입력하세요 : 36545
비밀번호가 틀렸습니다!

```
_____ check_password(p) :
    answer = '12345'
    if _____ == answer :
        result = True
    else :
        result = False

    return _____

password = input("비밀번호를 입력하세요 : ")

if check_password(_____) :
    print("비밀번호가 맞습니다!")
else :
    print("비밀번호가 틀렸습니다!")
```

Q13-6. 키보드로 입력 받은 한글 또는 영어 문장을 함수를 이용하여 역순으로 바꾸어 출력하는 프로그램이다. 밑줄 친 부분을 채워 프로그램을 완성하시오.

☐ 실행결과

문장을 입력하세요 : 안녕하세요!
!요세하녕안

```
def _____(char) :
    length = len(_____)
    string = ""
    for i in range(length-1, -1, -1) :
        string = string + char[i]

    return _____

data = input("문장을 입력하세요 : ")
print(reverse(_____))
```

연습문제 정답은 243쪽에서 확인하세요

14장

터틀 그래픽
- 그래픽 기초 -

01. 터틀 그래픽이란?

파이썬에서 거북이(Turtle)는 실제 거북이가 움직이듯이 화면에 그림을 그립니다. 컴퓨터 화면에서 거북이는 검은색 화살표(또는 거북이 모양)으로 스크린에 흔적을 남기듯이 그림을 그리게 됩니다.

터틀 그래픽(Turtle Graphic)은 파이썬 그래픽의 기초를 배우는 데 많은 도움을 줍니다. 이번 장을 통해 터틀 그래픽의 기초를 익혀 봅시다.

■ turple 모듈 사용하기

터틀 그래픽을 사용하기 위해서는 파이썬에서 turtle 모듈을 사용하게 됩니다. 파이썬에서 모듈(Module)은 프로그램에서 사용되는 유용한 함수와 같은 것들을 모아 놓은 것입니다.

파이썬에서 turtle 모듈은 다음과 같이 import 명령을 사용하여 불러올 수 있습니다.

터틀 그래픽에는
turtle 모듈이
필요하당~~

```
import turtle
```

또는

```
import turtle as t
```

자 그럼 turtle 모듈을 불러와 화면에 하나의 선을 그리는 다음의 예제를 살펴 봅시다.

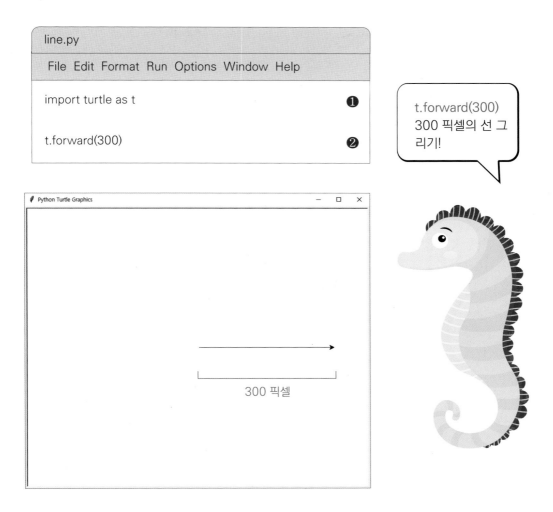

```
line.py

 File  Edit  Format  Run  Options  Window  Help

import turtle as t                                    ❶

t.forward(300)                                        ❷
```

> t.forward(300)
> 300 픽셀의 선 그
> 리기!

Python Turtle Graphics

300 픽셀

그림 14-1 line.py의 실행 결과

```
import turtle as t
```

turtle 모듈을 불러옵니다. 여기서 t는 turtle 대신에 사용할 별칭입니다.

이렇게 turtle 모듈을 불러오면 ❷에서와 같이 t.forward()와 같이 turtle 모듈에서 정의되어 있는 forward() 함수를 사용할 수 있게 됩니다.

❷
```
t.forward(300)
```

forward() 함수는 그림 14-1의 실행 결과에서와 같이 화살표를 스크린 중앙에서 오른쪽으로 움직이게 합니다.

forward(300)은 중앙의 화살표를 오른쪽으로 300 픽셀 거리로 이동 시킵니다. 이 결과 그림 14-1의 가운데 있는 선이 그려집니다.

> **TIPS** 픽셀이란?
>
> 픽셀(Pixel)은 우리 말로 '화소'라고 합니다. 픽셀은 컴퓨터나 휴대폰의 액정 화면에서 그림이나 글자를 표시하는 데 사용되는 최소 단위인 점(Dot)을 말합니다.
>
> 화면 전체의 화소 수가 많으면 많을수록 정밀하고 상세한 화면을 얻을 수 있습니다. 이를 '해상도가 높다'고 말합니다.
>
> 가로 해상도가 1600 픽셀인 컴퓨터 화면에서 800 픽셀 길이의 선을 그리면 화면의 절반인 50%를 차지하게 됩니다.

02. 기본 도형 그리기

1 정사각형 그리기

이번에는 그림 14-1의 화살표 대신에 거북이로 정사각형을 그려 보겠습니다.

```
square.py

File  Edit  Format  Run  Options  Window  Help

import turtle as t

t.shape('turtle')
t.forward(200)          ❷
t.left(90)              ❸
t.forward(200)          ❹
t.left(90)
t.forward(200)          ❺
t.left(90)
t.forward(200)          ❻
```

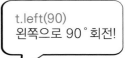

t.left(90)
왼쪽으로 90˚ 회전!

t.shape('turtle')

t.shape('turtle')은 그림 14-1의 가운데 있는 검은색 화살표 대신에 실행 결과(그림 14-2)에 나타난 것과 같이 거북이를 화면에 표시합니다.

❷   t.forward(200)

화면의 가운데에서 오른쪽으로 200 픽셀 길이의 선을 그립니다.

❸   t.left(90)

왼쪽으로 90˚ 방향 전환합니다.

❹~❻ 선을 그리고 왼쪽으로 90˚ 방향 전환하는 방식으로 세 개의 선을 더 그리면 실행 결과에
서와 같이 화면에 정사각형이 그려지게 됩니다.

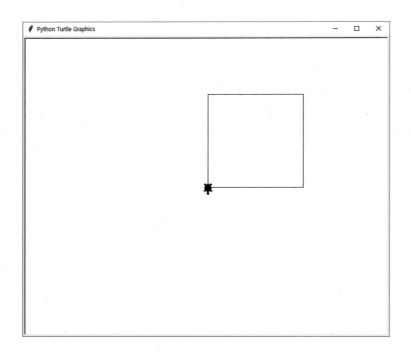

그림 14-2 square.py의 실행 결과

② 삼각형 그리기

이번에는 노란색 배경 화면에 삼각형을 그리는 예제를 살펴 봅시다.

triangle.py

File Edit Format Run Options Window Help

```
import turtle as t
t.shape('turtle')
t.bgcolor('yellow')
t.pensize(5)                    ❷

t.forward(200)                  ❸
t.left(120)                     ❹

t.speed(1)                      ❺
t.forward(200)

t.speed(10)                     ❻
t.left(120)
t.forward(200)
```

t.bgcolor('yellow')
화면 배경 노란색!

---

t.bgcolor('yellow')

t.bgcolor('yellow')는 실행 결과(그림 14-3)에서와 같이 화면의 배경색을 노란색으로 설정합니다.

※ 터틀 그래픽에서 사용되는 다양한 색상 이름에 대해서는 부록 306쪽을 참고해 주세요.

❷　　t.pensize(5)

펜의 굵기를 5 픽셀로 설정합니다.

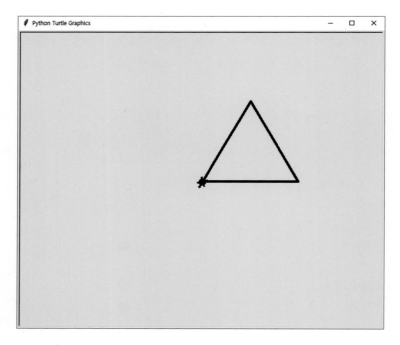

그림 14-3 triangle.py의 실행 결과

❸   t.forward(200)

200 픽셀의 길이로 선을 그립니다.

❹   t.left(120)

왼쪽으로 120°방향 전환합니다. 120°씩 방향 전환하면서 선을 그리면 그림 14-3에서와 같은 삼각형이 완성됩니다.

❺   t.speed(1)

t.speed(1)은 거북이가 움직이는 속도를 나타냅니다. 여기서 1은 가장 느린 속도, ❻의 speed(10) 에서와 같이 10은 빠른 속도를 나타냅니다.

t.speed() 함수를 설정하지 않을 경우에는 거북이는 기본 속도인 5로 움직입니다.

❸ 원 그리기

이번에는 원을 그리는 프로그램에 대해 공부해 볼까요?

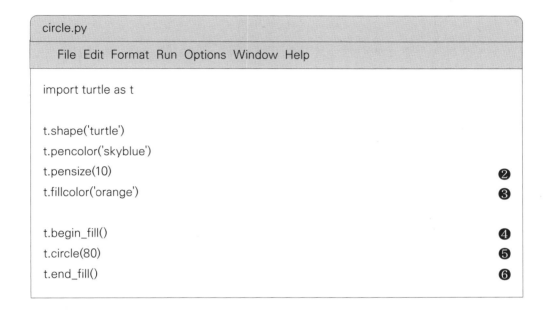

```
circle.py

 File  Edit  Format  Run  Options  Window  Help

import turtle as t

t.shape('turtle')
t.pencolor('skyblue')
t.pensize(10)                                    ❷
t.fillcolor('orange')                            ❸

t.begin_fill()                                   ❹
t.circle(80)                                     ❺
t.end_fill()                                     ❻
```

t.pencolor('skyblue')
선색을 하늘색으로 설정해요!

t.fillcolor('orange')
면색을 오렌지색으로 설정해요!

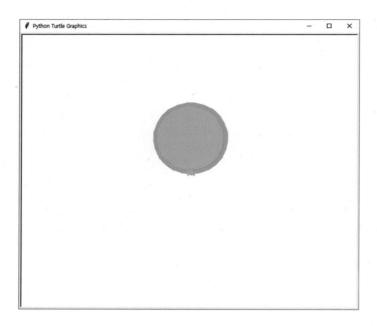

그림 14-4 circle.py의 실행 결과

```
t.pencolor('skyblue')
```

펜 색, 즉 선색을 하늘색으로 설정합니다.

```
t.pensize(10)
```

펜 크기, 즉 선 두께를 10 픽셀로 설정합니다.

```
t.fillcolor('orange')
```

면색을 오렌지색으로 설정합니다.

```
t.begin_fill()
```

도형을 칠하기 전에 t.begin_fill() 함수를 호출하여 칠하기를 시작합니다.

```
t.circle(80)
```

반지름이 80 픽셀인 원을 그립니다.

```
t.end_fill()
```

t.begin_fill() 함수를 호출한 후 end_fill() 함수를 호출해 도형에 칠하기를 마칩니다.

4 정오각형 그리기

다음 예제를 통하여 하늘색 정오각형을 그리는 방법에 대해 공부해 봅시다.

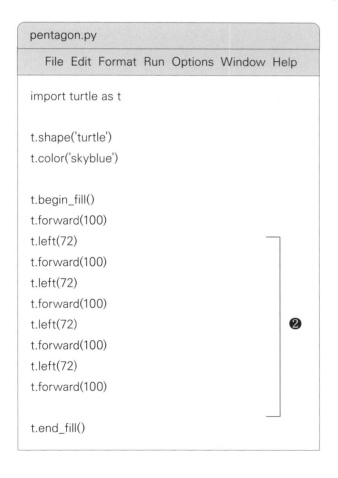

pentagon.py

File Edit Format Run Options Window Help

```
import turtle as t

t.shape('turtle')
t.color('skyblue')

t.begin_fill()
t.forward(100)
t.left(72)
t.forward(100)
t.left(72)
t.forward(100)
t.left(72)
t.forward(100)
t.left(72)
t.forward(100)

t.end_fill()
```

❷

정오각형은 72° 씩 방향전환하면서 그려요!

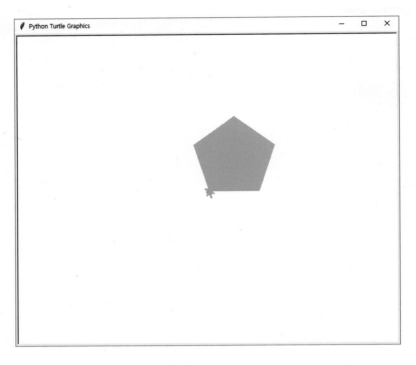

그림 14-5 pentagon.py의 실행 결과

> t.color('skyblue')

t.color('skyblue')는 선색과 면색을 하늘색으로 설정합니다.

t.forward(100)는 100 픽셀 길이의 선을 그립니다. 그리고 t.left(72)는 왼쪽으로 72° 방향 전환합니다.

이와 같은 방식으로 정오각형을 그릴 수 있습니다.

03. 안경 그리기

앞의 예제들에서는 거북이의 방향 전환(left()와 right() 함수)과 이동(forward() 함수)을 이용하여 기본 도형을 그려보았습니다.

다음 예제에서는 스크린의 좌표를 이용하여 하늘색 안경을 그리는 방법을 익혀 봅니다.

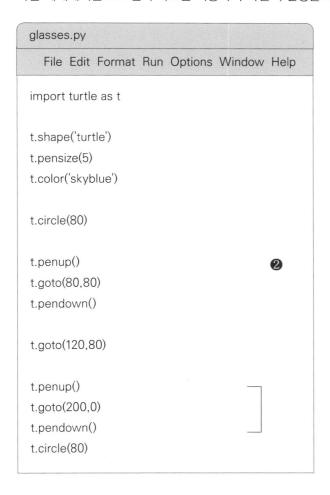

```
glasses.py

File  Edit  Format  Run  Options  Window  Help

import turtle as t

t.shape('turtle')
t.pensize(5)
t.color('skyblue')

t.circle(80)

t.penup()                          ❷
t.goto(80,80)
t.pendown()

t.goto(120,80)

t.penup()
t.goto(200,0)
t.pendown()
t.circle(80)
```

> t.penup()
> 펜 들어올림. 그리기 없이 이동해요!

> t.pendown()
> 펜 내림. 다시 그리기를 시작해요!

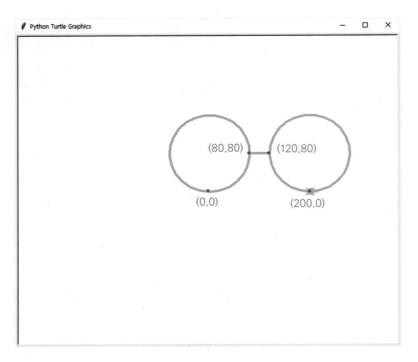

그림 14-6 glasses.py의 실행 결과

---

t.circle(80)

그림 14-6에 나타난 안경의 왼쪽 원(반지름:80픽셀)을 그립니다.

---

t.penup()

t.penup() 함수는 펜을 들어 올립니다. 이렇게 하면 그리기 없이 펜만 이동 시킬 수 있습니다.

---

t.goto(80,80)

t.goto(80, 80) 함수는 펜을 x축 방향으로 80픽셀, y축 방향으로 80 픽셀 이동시킵니다. 터틀 그래픽의 좌표에 대해서는 그림 14-7을 참고해 주세요.

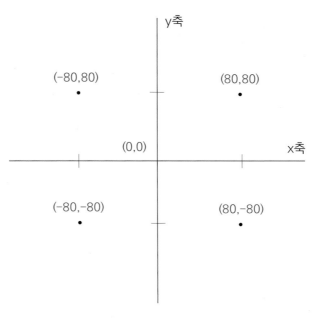

그림 14-7 파이썬 터틀 그래픽의 좌표

t.pendown()

t.pendown() 함수는 펜을 내립니다. 이렇게 하여 그리기를 다시 시작합니다.

t.goto(120,80)

t.goto(120,80)은 현재 좌표인 (80,80)에서 시작하여 다음 좌표(120,80)으로 선을 그립니다. 이 결과가 그림 14-6의 안경 렌즈 사이에 있는 선입니다.

펜을 좌표 (200,0)로 이동시킨 다음 그릴 준비를 합니다.

t.circle(80)

그림 14-6에 나타난 안경의 오른쪽 원을 그립니다.

04. 오륜기 그리기

다음 예제에서는 앞에서 배운 스크린의 좌표와 goto() 함수를 이용하여 오륜기를 그리는 방법에 대해 공부합니다.

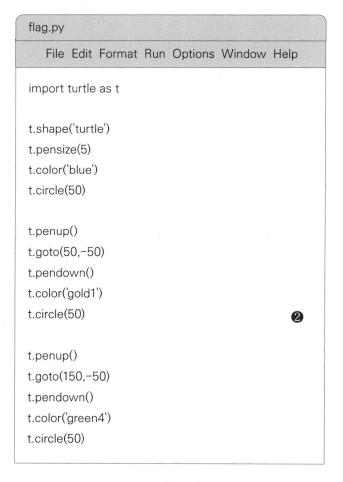

```
flag.py

    File  Edit  Format  Run  Options  Window  Help

import turtle as t

t.shape('turtle')
t.pensize(5)
t.color('blue')
t.circle(50)

t.penup()
t.goto(50,-50)
t.pendown()
t.color('gold1')
t.circle(50)                              ❷

t.penup()
t.goto(150,-50)
t.pendown()
t.color('green4')
t.circle(50)
```

오륜기는 펜을 이동 시키면서 원을 다섯 개 그리면 돼요!

```
t.penup()
t.goto(100,0)
t.pendown()
t.color('black')
t.circle(50)

t.penup()
t.goto(200,0)
t.pendown()
t.color('red')
t.circle(50)
```

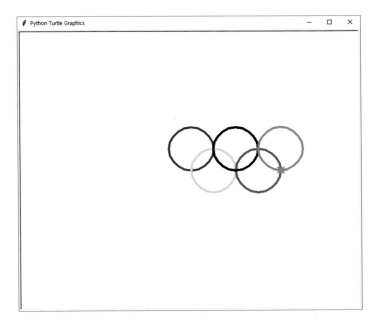

그림 14-8 flag.py의 실행 결과

❶~ 의 t.circle(50)은 각각 그림 14-8의 오륜기의 각 원(반지름:50픽셀)을 그립니다. 펜을 이동시키면서 t.circle() 함수를 이용하여 원을 그리면 쉽게 오륜기를 그릴 수 있습니다.

Q14-1. 다음은 터틀 그래픽을 이용하여 실행 결과에서와 같이 정삼각형 두 개를 그리는 프로그램이다. 밑 줄친 부분을 채워 프로그램을 완성하시오.

✓ 실행 결과

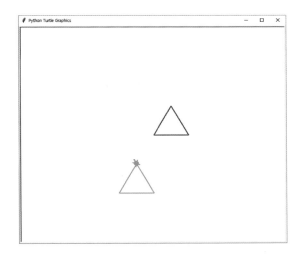

```
import turtle as t

t.shape('turtle')
t.color('purple')
t._____(3)

t.forward(100)
t.left(120)
t.forward(100)
```

```
        t.left(120)
        t.forward(100)


        t._____()
        t.forward(100)
        t._____()


        t.color('deepskyblue1')
        t.forward(100)
        t.left(120)
        t.forward(100)
        t.left(120)
        t.forward(100)
```

Q14-2. 다음은 터틀 그래픽을 이용하여 실행 결과에서와 같이 별을 그리는 프로그램이다. 밑 줄친 부분을 채워 프로그램을 완성하시오.

✅ **실행 결과**

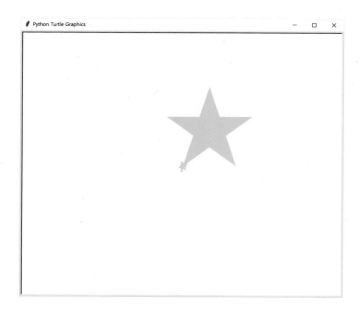

```
import turtle as t

t.shape('turtle')
t._____('gold')

t._____()

t.left(36)
t.forward(200)
t.left(144)
t.forward(200)
t.left(144)
t.forward(200)
t.left(144)
t.forward(200)
t.left(144)
t.forward(200)

t._____()
```

Q14-3. 터틀 그래픽을 이용하여 실행 결과에서와 같이 영문대문자 N을 그리는 프로그램을 작성하시오.

 실행 결과

Q14-4. 터틀 그래픽을 이용하여 실행 결과에서와 같이 영문대문자 T을 그리는 프로그램을 작성하시오.

 실행 결과

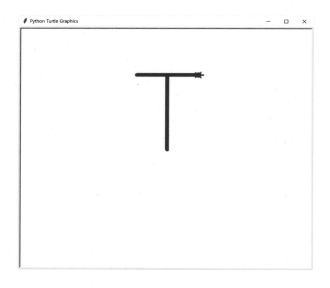

Q14-5. 터틀 그래픽을 이용하여 실행 결과에서와 같이 눈사람을 그리는 프로그램을 작성하시오.

✅ **실행 결과**

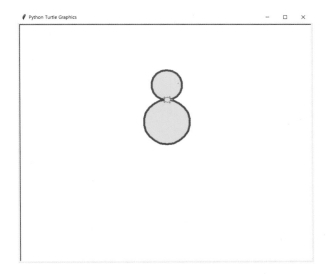

연습문제 정답은 274쪽에서 확인하세요

연습문제 정답

Q14-1 정답 : pensize, penup, pendown

Q14-2 정답 : color, begin_fill, end_fill

Q14-3

```
import turtle as t

t.shape('turtle')
t.pensize(10)

t.goto(0,200)
t.goto(200,0)
t.goto(200,200)
```

Q14-4

```
import turtle as t

t.shape('turtle')
t.color('green')
t.pensize(10)
t.goto(0,200)

t.penup()
t.goto(-80, 200)
t.pendown()

t.goto(80,200)
```

Q14-5

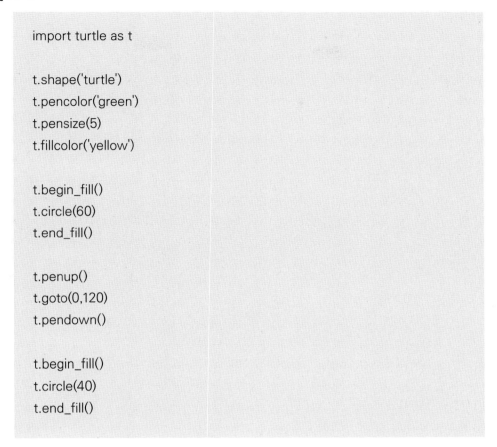

```
import turtle as t

t.shape('turtle')
t.pencolor('green')
t.pensize(5)
t.fillcolor('yellow')

t.begin_fill()
t.circle(60)
t.end_fill()

t.penup()
t.goto(0,120)
t.pendown()

t.begin_fill()
t.circle(40)
t.end_fill()
```

15장

터틀 그래픽
- 그래픽 응용 -

01. 조건문 활용

이번 장에서는 14장에서 배운 터틀 그래픽 기초에 파이썬의 조건문과 반복문을 활용하여 다양한 도형을 그리는 방법을 배웁니다.

다음은 if~ elif~ else~ 구문을 이용하여 사용자가 그리고자 하는 도형을 선택하면 그 도형을 화면에 그리는 프로그램입니다.

이 예제를 통하여 터틀 그래픽에 if문을 활용하는 방법을 익혀봅시다.

---

turtle_if.py

File Edit Format Run Options Window Help

```python
import turtle as t

t.shape("turtle")
t.pencolor("skyblue")
t.fillcolor("yellow")
t.pensize(5)

figure = input("도형을 선택하시오.(원, 정삼각형, 정사각형) : ")

t.begin_fill()

if figure == "원":
    t.circle(50)
```

```
elif figure == "정삼각형":                     ❷
    t.forward(200)
    t.left(120)
    t.forward(200)
    t.left(120)
    t.forward(200)

elif figure == "정사각형":                     ❸
    t.forward(200)
    t.left(90)
    t.forward(200)
    t.left(90)
    t.forward(200)
    t.left(90)
    t.forward(200)

t.end_fill()
```

if문 조건식에서 그 리고자하는 도형을 선택할 수 있어요!

```
IDLE Shell 3.9.4                                          —    □    ×
File Edit Shell Debug Options Window Help
Python 3.9.4 (tags/v3.9.4:1f2e308, Apr  6 2021, 13:40:21) [MSC v.1928
64 bit (AMD64)] on win32
Type "help", "copyright", "credits" or "license()" for more informati
on.
>>>
==================== RESTART: E:\똑똑한파이썬(개정판)\source\15\if.py
====================
도형을 선택하시오.(원, 정삼각형, 정사각형) : 정삼각형
>>>
                                                              Ln: 6 Col: 4
```

그림 15-1 turtle_if.py의 실행 결과

위의 예제(turtle_if.py)를 실행하면 그림 15-1에서와 같이 사용자가 세 가지 도형 중 하나를
선택하라는 메시지가 출력됩니다.

만약 키보드로 '정삼각형'을 입력하면 다음 그림에서와 같이 노락색 정삼각형이 화면에 그려집
니다.

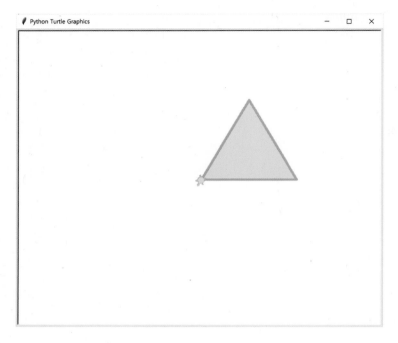

그림 15-2 그림 15-1에서 '정삼각형'을 입력한 경우

~❸ if~ elif~ else~ 구문을 이용하여 다양한 도형 중의 하나를 선택하게 하여 선택된 도형을 그
립니다.

02. 반복문 활용

터틀 그래픽에서 반복되는 그리기 부분에 for문과 while문을 사용하면 간단하고 효율적으로 그림을 그릴 수 있습니다.

1 for문 활용

다음은 for문을 이용하여 정육각형을 그리는 프로그램입니다.

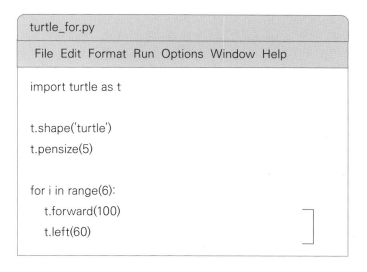

```
turtle_for.py

File Edit Format Run Options Window Help

import turtle as t

t.shape('turtle')
t.pensize(5)

for i in range(6):
    t.forward(100)
    t.left(60)
```

정육각형은 t.forward(100)과 t.left(60)을 반복하면 돼요!

for i in range(6):

range(6)에 의해 for 루프가 6회 반복 수행됩니다. 각 반복 루프에서　의 두 문장을 반복 실행하여 다음의 실행 결과에서와 같이 정육각형을 그립니다.

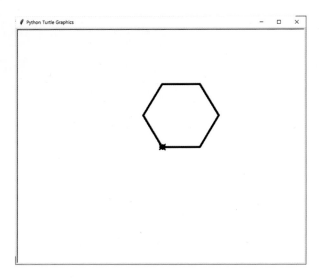

그림 15-3 turtle_for.py의 실행 결과

2 while문 활용

이번에는 앞의 for문 대신 while문을 이용하여 정오각형을 그리는 방법에 대해 배워 봅시다.

turtle_while.py

File Edit Format Run Options Window Help

```
import turtle as t

t.shape('turtle')
t.pensize(5)

i = 0
while i < 5:
    t.forward(100)
    t.left(72)
    i = i + 1
```

❷

> 정오각형은 왼쪽으로 72°씩 방향 전환!

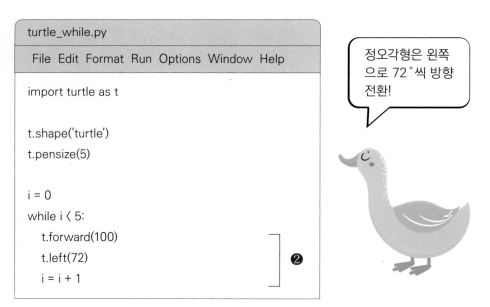

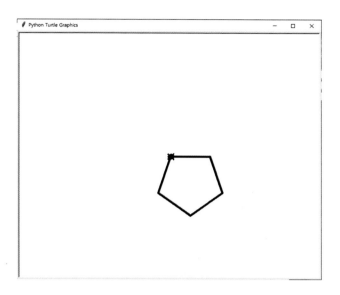

그림 15-4 turtle_while.py의 실행 결과

```
while i 〈 5:
```

while 루프가 5회 반복 수행됩니다. 각 루프에서   의 세 문장을 실행하면 위의 실행 결과에서
와 같이 정오각형이 그려집니다.

```
t.forward(100)
t.left(72)
```

각 반복마다 t.forward() 함수로 선을 그린 다음 t.left(72)를 이용하여 거북이를 72°씩 왼쪽
으로 방향 전환합니다. 이런 식으로 방향 전환해가면서 선을 그리면 그림 15-4의 정오각형이
완성됩니다 .

03. 별 그리기

앞의 for문을 사용한 프로그램(turtle_for.py)에서 왼쪽으로 방향 전환 각도를 225˚로 하면 다음의 그림 15-5와 같은 별을 그릴 수 있습니다.

```
start1.py

 File  Edit  Format  Run  Options  Window  Help

import turtle as t
t.shape('turtle')
t.pensize(5)

for i in range(8):
    t.forward(200)
    t.left(225)
```
❷

```
for i in range(8):
```

range(8)에 의해 for 루프가 8회 반복 수행됩니다. 각 반복 루프에서 ❷ 의 두 문장을 반복 실행되면 다음의 그림 15-5와 같은 별이 그려집니다.

```
    t.forward(200)
    t.left(225)
```

t.forward(200)으로 선을 그린다음 왼쪽으로 225˚ 방향 전환합니다.

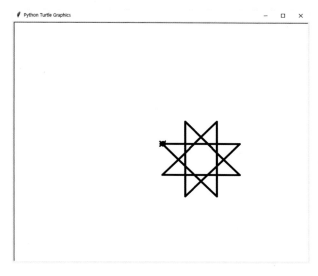

그림 15-5 start1.py의 실행 결과

이번에는 이중 for문을 이용하여 위와 같은 별을 세 개 그려볼까요?

---

star2.py

File Edit Format Run Options Window Help

```
import turtle as t
t.shape('turtle')
t.pensize(5)

for i in range(3):
    for i in range(8):      ❸
        t.forward(80)       ❹
        t.left(225)

    t.penup()
    t.forward(100)          ❺
    t.pendown()
```

❷

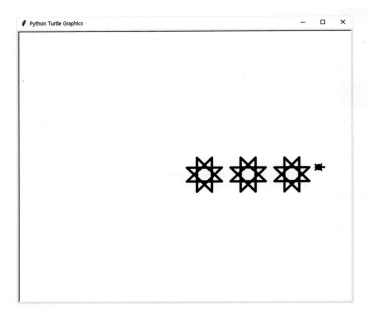

그림 15-6 start2.py의 실행 결과

```
for i in range(3):
```

range(3)에 의해 for 루프가 3회 반복 수행됩니다. 각 반복 루프에서 　 의 문장들이 실행됩니다. 각 반복 루프에서 그림 15-6의 별을 하나씩 그리게 됩니다.

```
    for i in range(8):
```

이 반복 루프는 8번 수행됩니다. 각 반복 루프에서 ❹의 문장들을 수행합니다. 즉, 각각의 별에 해당되는 선을 그리고 왼쪽으로 방향 전환합니다.

```
    t.penup()
    t.forward(100)
    t.pendown()
```

각 별이 그려지면 펜을 뗀 상태로 거북이를 다음 지점으로 이동 시킨 다음 다시 그리기 준비를 합니다.

04. 오리 그리기

이번에는 앞에서 배운 터틀 그래픽의 함수들을 이용하여 다음 그림 15-7에서와 같은 오리 모양의 도형을 그리는 방법에 대해 공부합니다.

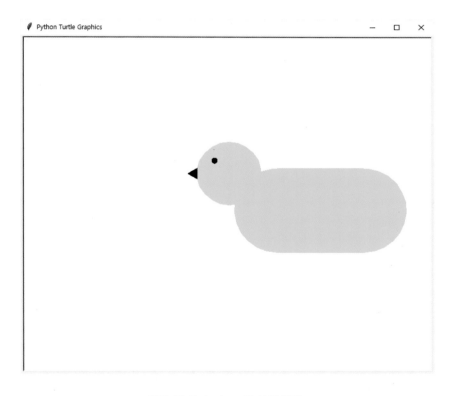

그림 15-7 duck.py의 실행 결과

```
duck.py
File  Edit  Format  Run  Options  Window  Help

import turtle as t
t.shape('turtle')
t.color('gold')
t.speed(9)

#오리 머리
t.begin_fill()
t.circle(60)
t.end_fill()

#오리 몸
t.penup()
t.goto(90,-90)
t.pendown()
t.begin_fill()
t.circle(80)
t.forward(160)

t.circle(80)
t.left(90)
t.forward(160)
t.left(90)
t.forward(160)
t.end_fill()
```

❷

샵(#)은 프로그램의
설명 글이예요!

```
#부리 그리기
t.penup()
t.goto(-60,50)
t.pendown()
t.color('black')

t.begin_fill()
t.right(90)
t.forward(20)
t.left(120)
t.forward(20)
t.left(120)
t.forward(20)
t.end_fill()

#오리 눈
t.penup()
t.goto(-30,80)
t.pendown()
t.begin_fill()
t.circle(5)
t.end_fill()

t.hideturtle()
```

❸

❹

❺

t.circle() 함수로 오리의 머리를 그립니다.

t.circle() 함수로 두 개의 원을 그리고 t.forward() 함수로 선을 그리고 색으로 채워 그림 15-7 에 나타난 오리의 몸통을 그립니다.

❸ t.forward() 함수로 정삼각형의 선들을 그리고 검정색으로 채워 오리의 부리를 만듭니다.

❹ t.circle() 함수로 검정색으로 된 오리의 눈을 그립니다.

❺
```
t.hideturtle()
```

t.hideturtle() 함수로 거북이를 화면에서 보이지 않게 숨깁니다.

05. random 모듈 활용

파이썬에서 random 모듈은 게임, 그래픽 등의 프로그램에서 무작위 수(Random number) 수을 발생시키거나 관련된 처리를 하는 데 사용됩니다.

먼저 random 모듈를 이용하여 간단하게 무작위 수를 발생시키는 간단한 예를 살펴 볼까요?

```
random.py

File  Edit  Format  Run  Options  Window  Help

import random

for i in range(3):
    x = random.randint(1, 6)
    print(x)

for i in range(3):
    x = random.random()          ❷
    print(x)
```

> random.randint(1, 6)

random 모듈의 randint() 함수는 정수 범위의 무작위 수를 발생시키는 데 사용됩니다. random.randint(1, 6)은 다음의 실행 결과에 나타난 것과 같이 1에서 6까지의 정수 중 하나의 무작위 수를 발생시킵니다.

> random.random()

random.random() 함수는 0과 1사이에서 하나의 무작위 실수를 발생시킵니다.

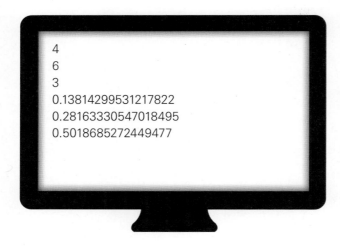

```
4
6
3
0.13814299531217822
0.28163330547018495
0.5018685272449477
```

먼저 random 모듈를 이용하여 간단하게 무작위 수를 발생시키는 간단한 예를 살펴 볼까요?

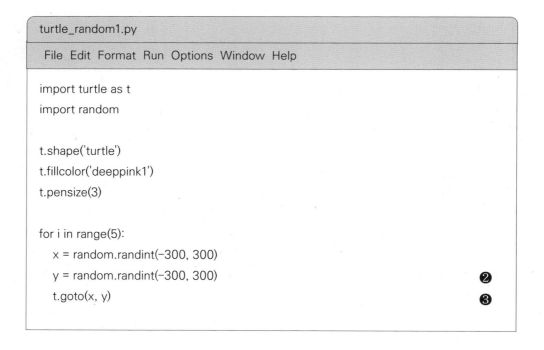

```
turtle_random1.py

 File  Edit  Format  Run  Options  Window  Help

import turtle as t
import random

t.shape('turtle')
t.fillcolor('deeppink1')
t.pensize(3)

for i in range(5):
    x = random.randint(-300, 300)
    y = random.randint(-300, 300)          ❷
    t.goto(x, y)                            ❸
```

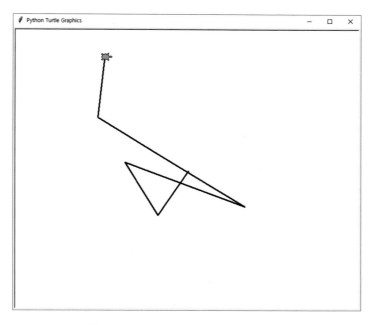

그림 15-8 turtle_random1.py의 실행 결과

```
x = random.randint(-300, 300)
```

random.randint(-300, 300)은 -300에서 300까지의 정수 중 무작위 수 하나를 얻습니다. 이값을 변수 x에 저장합니다. 이 변수 x는 이동하는 지점의 x 좌표로 사용됩니다.

❷
```
y = random.randint(-300, 300)
```

에서와 같은 방식으로 -300에서 300까지의 정수 중 무작위 수 하나를 얻어 이동할 지점의 y 좌표를 의미하는 변수 y에 저장합니다.

❸
```
t.goto(x, y)
```

현재 위치에서 좌표 (x, y)로 이동합니다. 이렇게 함으로써 그림 15-8의 각 선들이 그려지게 됩니다.

이번에는 앞의 프로그램(turtle_random1.py)를 확장하여 다음의 그림 15-8에서와 같이 다양한 색상의 선을 그려 봅시다.

```
turtle_random2.py

File  Edit  Format  Run  Options  Window  Help

import turtle as t
import random

t.shape('turtle')
t.fillcolor('deeppink1')
t.pensize(3)
t.speed(9)

for i in range(100):
    x = random.randint(-300,300)
    y = random.randint(-300,300)

    r = random.random()
    g = random.random()
    b = random.random()

    t.pencolor(r, g, b)              ❷
    t.goto(x, y)                     ❸
```

random.random() 함수는 0에서 1사이의 실수 값을 얻는 데 사용됩니다. random.random() 함수를 이용하여 0에서 1사이의 실수 값을 각각 변수 r, 변수 g, 변수 b에 저장합니다.

이 변수들은 ❷에서 t.pencolor(r, g, b)를 이용하여 선 색상을 설정하는 데 사용됩니다.

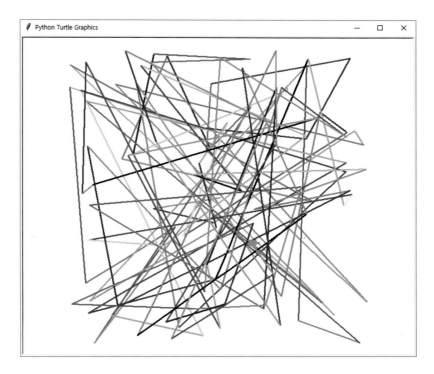

그림 15-9 turtle_random2.py의 실행 결과

❷   t.pencolor(r, g, b)

t.pencolor(r, g, b)를 이용하여 ❶에서 얻은 RBG 색상으로 펜 색상, 즉 선 색상을 설정합니다.

❸   t.goto(x, y)

t.goto(x, y)는 거북이를 현재 지점에서 이동할 지점의 좌표 (x, y)도 이동시킵니다. 이 함수에 의해 그림 15-9에 나타난 선들이 그려집니다.

연습문제 15장. 터틀 그래픽 : 그래픽 응용

Q15-1. 다음은 터틀 그래픽에 if문과 for문을 사용하여 실행 결과에서와 같이 별 모양의 도형을 그리는 프로그램이다. 밑 줄친 부분을 채워 프로그램을 완성하시오.

✓ 실행 결과

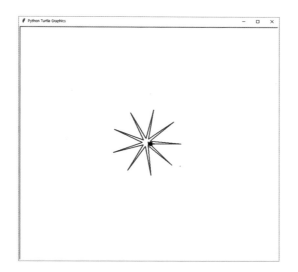

```python
import turtle as t

t.showturtle()
t.shape("turtle")
t.pencolor('blue')
t._____(3)
```

```
for x in range(18):
        t._____(100)
        if x % 2 == 0:
            t._____(175)
        else:
            t.left(225)
```

Q15-2. 다음은 터틀 그래픽에 if문과 for문을 사용하여 실행 결과에서와 같이 지그재그의 선을 그리는 프로그램이다. 밑 줄친 부분을 채워 프로그램을 완성하시오.

✅ 실행 결과

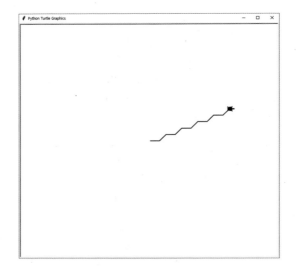

```
import turtle as t

t.showturtle()
t.shape("turtle")
t.pencolor("green")
t.pensize(3)
```

```
for x in range(10):
    if _____ == 0:
        t.forward(30)
        t.left(45)
    else:
        t.forward(30)
        t._____(45)
```

Q15-3. 터틀 그래픽에 for문을 사용하여 실행 결과에서와 같은 정사각형을 그리는 프로그램을 작성하시오.

✅ 실행 결과

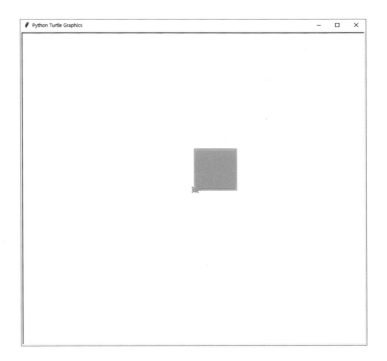

Q15-4. 터틀 그래픽에 for문을 사용하여 실행 결과에서와 같은 별 모양의 도형을 그리는 프로그램을 작성하시오.

✅ 실행 결과

Q15-5. 터틀 그래픽에 while문을 사용하여 실행 결과에서와 같은 도형을 그리는 프로그램을 작성하시오.

✅ 실행 결과

Q15-6. 터틀 그래픽에 for문을 사용하여 실행 결과에서와 같이 정사각형 도형을 세 개 그리는 프로그램을 작성하시오.

✅ 실행 결과

연습문제 정답은 302쪽에서 확인하세요

연습문제 정답

Q15-1 정답 : pensize, forward, left

Q15-2 정답 : x%2, right

Q15-3

```
import turtle as t

t.showturtle()
t.shape("turtle")
t.pencolor("orange")
t.fillcolor("skyblue")
t.pensize(5)

t.begin_fill()

for x in range(4):
    t.forward(100)
    t.left(90)

t.end_fill()
```

Q15-4

```
import turtle as t

t.showturtle()
t.shape("turtle")
t.pencolor("purple")
t.pensize(3)

for i in range(5):
    t.forward(200)
    t.right(144)
```

Q15-5

```
import turtle as t

t.showturtle()
t.shape("turtle")
t.pencolor("pink")
t.pensize(2)
```

```
n=10
while n <= 60:
    t.circle(n)
    n = n +10
```

Q15-6

```
import turtle as t

t.showturtle()
t.shape("turtle")
t.pencolor("red")
t.pensize(2)

for i in range(3) :
    t.left(20)
    t.forward(100)
    t.left(90)
    t.forward(100)
    t.left(90)
    t.forward(100)
    t.left(90)
    t.forward(100)
    t.left(90)
```

부록

터틀 그래픽 색상표
코딩해보기 정답

AliceBlue		bisque3		CadetBlue		CornflowerBlue		DarkGrey		DarkSeaGreen
AntiqueWhite		bisque4		CadetBlue1		cornsilk		DarkKhaki		DarkSeaGreen1
AntiqueWhite1		black		CadetBlue2		cornsilk1		DarkMagenta		DarkSeaGreen2
AntiqueWhite2		BlanchedAlmond		CadetBlue3		cornsilk2		DarkOliveGreen		DarkSeaGreen3
AntiqueWhite3		blue		CadetBlue4		cornsilk3		DarkOliveGreen1		DarkSeaGreen4
AntiqueWhite4		blue1		chartreuse		cornsilk4		DarkOliveGreen2		DarkSlateBlue
aquamarine		blue2		chartreuse1		cyan		DarkOliveGreen3		DarkSlateGray
aquamarine1		blue3		chartreuse2		cyan1		DarkOliveGreen4		DarkSlateGray1
aquamarine2		blue4		chartreuse3		cyan2		DarkOrange		DarkSlateGray2
aquamarine3		BlueViolet		chartreuse4		cyan3		DarkOrange1		DarkSlateGray3
aquamarine4		brown		chocolate		cyan4		DarkOrange2		DarkSlateGray4
azure		brown1		chocolate1		DarkBlue		DarkOrange3		DarkSlateGrey
azure1		brown2		chocolate2		DarkCyan		DarkOrange4		DarkTurquoise
azure2		brown3		chocolate3		DarkGoldenrod		DarkOrchid		DarkViolet
azure3		brown4		chocolate4		DarkGoldenrod1		DarkOrchid1		DeepPink
azure4		burlywood		coral		DarkGoldenrod2		DarkOrchid2		DeepPink1
beige		burlywood1		coral1		DarkGoldenrod3		DarkOrchid3		DeepPink2
bisque		burlywood2		coral2		DarkGoldenrod4		DarkOrchid4		DeepPink3
bisque1		burlywood3		coral3		DarkGray		DarkRed		DeepPink4
bisque2		burlywood4		coral4		DarkGreen		DarkSalmon		DeepSkyBlue

DeepSkyBlue2		gold1		gray100		IndianRed1		LavenderBlush4		LightGoldenrod
DeepSkyBlue3		gold2		green		IndianRed2		lawngreen		LightGoldenrod1
DeepSkyBlue4		gold3		green1		IndianRed3		LawnGreen		LightGoldenrod2
DimGray		gold4		green2		IndianRed4		lemonchiffon		LightGoldenrod3
DimGrey		goldenrod		green3		ivory		LemonChiffon		LightGoldenrod4
DodgerBlue		goldenrod1		green4		ivory1		LemonChiffon1		LightGoldenrodYellow
DodgerBlue1		goldenrod2		GreenYellow		ivory2		LemonChiffon2		LightGray
DodgerBlue2		goldenrod3		honeydew		ivory3		LemonChiffon3		LightGreen
DodgerBlue3		goldenrod4		honeydew1		ivory4		LemonChiffon4		LightGrey
DodgerBlue4		gray		honeydew2		khaki		LightBlue		LightPink
firebrick		gray0		honeydew3		khaki1		LightBlue1		LightPink1
firebrick1		gray10		honeydew4		khaki2		LightBlue2		LightPink2
firebrick2		gray20		hotpink		khaki3		LightBlue3		LightPink3
firebrick3		gray30		HotPink		khaki4		LightBlue4		LightPink4
firebrick4		gray40		HotPink1		lavender		LightCoral		LightSalmon
FloralWhite		gray50		HotPink2		lavenderblush		LightCyan		LightSalmon1
ForestGreen		gray60		HotPink3		LavenderBlush		LightCyan1		LightSalmon2
gainsboro		gray70		HotPink4		LavenderBlush1		LightCyan2		LightSalmon3
GhostWhite		gray80		indianred		LavenderBlush2		LightCyan3		LightSalmon4
gold		gray90		IndianRed		LavenderBlush3		LightCyan4		LightSeaGreen

LightSkyBlue	magenta	MediumPurple3	NavajoWhite4	orchid1	PapayaWhip
LightSkyBlue1	magenta1	MediumPurple4	navy	orchid2	PeachPuff
LightSkyBlue2	magenta2	MediumSeaGreen	NavyBlue	orchid3	PeachPuff1
LightSkyBlue3	magenta3	MediumSlateBlue	OldLace	orchid4	PeachPuff2
LightSkyBlue4	magenta4	MediumSpringGr	OliveDrab	PaleGoldenrod	PeachPuff3
LightSlateBlue	maroon	MediumTurquoise	OliveDrab1	PaleGreen	PeachPuff4
LightSlateGray	maroon1	MediumVioletRed	OliveDrab2	PaleGreen1	peru
LightSlateGrey	maroon2	midnightblue	OliveDrab3	PaleGreen2	pink
LightSteelBlue	maroon3	MidnightBlue	OliveDrab4	PaleGreen3	pink1
LightSteelBlue1	maroon4	MintCream	orange	PaleGreen4	pink2
LightSteelBlue2	MediumAquamar	MistyRose	orange1	PaleTurquoise	pink3
LightSteelBlue3	MediumBlue	MistyRose1	orange2	PaleTurquoise1	pink4
LightSteelBlue4	MediumOrchid	MistyRose2	orange3	PaleTurquoise2	plum
LightYellow	MediumOrchid1	MistyRose3	orange4	PaleTurquoise3	plum1
LightYellow1	MediumOrchid2	MistyRose4	OrangeRed	PaleTurquoise4	plum2
LightYellow2	MediumOrchid3	moccasin	OrangeRed1	PaleVioletRed	plum3
LightYellow3	MediumOrchid4	NavajoWhite	OrangeRed2	PaleVioletRed1	plum4
LightYellow4	MediumPurple	NavajoWhite1	OrangeRed3	PaleVioletRed2	PowderBlue
LimeGreen	MediumPurple1	NavajoWhite2	OrangeRed4	PaleVioletRed3	purple
linen	MediumPurple2	NavajoWhite3	orchid	PaleVioletRed4	purple1

purple2	salmon1	SkyBlue	snow4	thistle4	wheat3
purple3	salmon2	SkyBlue1	SpringGreen	tomato	wheat4
purple4	salmon3	SkyBlue2	SpringGreen1	tomato1	white
red	salmon4	SkyBlue3	SpringGreen2	tomato2	WhiteSmoke
red1	SandyBrown	SkyBlue4	SpringGreen3	tomato3	yellow
red2	SeaGreen	SlateBlue	SpringGreen4	tomato4	yellow1
red3	SeaGreen1	SlateBlue1	SteelBlue	turquoise	yellow2
red4	SeaGreen2	SlateBlue2	SteelBlue1	turquoise1	yellow3
RosyBrown	SeaGreen3	SlateBlue3	SteelBlue2	turquoise2	yellow4
RosyBrown1	SeaGreen4	SlateBlue4	SteelBlue3	turquoise3	YellowGreen
RosyBrown2	seashell	SlateGray	SteelBlue4	turquoise4	
RosyBrown3	seashell1	SlateGray1	tan	violet	
RosyBrown4	seashell2	SlateGray2	tan1	VioletRed	
RoyalBlue	seashell3	SlateGray3	tan2	VioletRed1	
RoyalBlue1	seashell4	SlateGray4	tan3	VioletRed2	
RoyalBlue2	sienna	SlateGrey	tan4	VioletRed3	
RoyalBlue3	sienna1	snow	thistle	VioletRed4	
RoyalBlue4	sienna2	snow1	thistle1	wheat	
SaddleBrown	sienna3	snow2	thistle2	wheat1	
salmon	sienna4	snow3	thistle3	wheat2	

6장. 기초 코딩 : 도형넓이·단위환산·거스름돈

6-1. 마름모 넓이 구하기

```
hori = float(input("마름모 대각선의 가로 길이를 입력하세요."))
verti = float(input("마름모 대각선의 세로 길이를 입력하세요."))

area = (hori*verti)/2

print("마름모의 넓이는"+str(area)+"입니다.")
```

6-2. 원기둥 부피 구하기

```
r = float(input("원기둥의 반지름을 입력하세요."))
h = float(input("원기둥의 높이를 입력하세요."))

volume = 3.14*r*r*h

print("원기둥의 부피는"+str(volume)+"입니다.")
```

6-3. 마일을 킬로미터로 환산하기

```
mile = float(input("마일(mile)을 입력하세요."))
km = mile*1.609344

print(str(mile)+" 마일은 "+str(km) +" 킬로미터 입니다.")
```

6-4. 달러를 원화로 환산하기

```python
d = float(input("달러를 입력하세요."))
w = d*1130

print(str(d)+"달러는 "+str(w)+ "원 입니다.")
```

7장. 조건문 : if~ 구문

7-1. 19세 이상 '성인입니다.' 출력하기

```python
age = int(input("나이를 입력하세요."))

if age>=19:
    print("성인입니다.")
```

7-2. 월이 3,4,5월인 경우 'X월은 봄입니다.' 출력하기

```python
month = int(input("달을 입력하세요."))

if month==3 or month==4 or month==5:
    print(str(month)+"월은 봄입니다.")
```

7-3. 필기 점수와 실기 점수로 합격여부 판단하기

```
pilgi = float(input("필기 점수를 입력하세요."))
silgi = float(input("실기 점수를 입력하세요."))

if pilgi >= 80 and silgi >=80:
    print("합격입니다.")
```

8장. 조건문 : if~ else~ 구문

8-1. 5의 배수인지 아닌지 판별하기

```
n = int(input("정수를 입력하세요."))

if n%5==0:
    print("5의 배수입니다.")
else:
    print("5의 배수가 아닙니다.")
```

8-2. 영문소문자 자음과 모음 판별하기

```
char = input("영문 소문자를 하나 입력하세요. ")

if char=='a' or char=='e' or char=='i' or char=='u' or char=='o':
    print("모음입니다")
else:
    print("자음입니다.")
```

9장. 조건문 : if~ elif~ else~ 구문

9-1. 점수에 따른 등급 판정하기

```
score = int(input("점수를 입력하세요."))

if score>=90 and score<=100:
    print("A 입니다.")
elif score>=80 and score<=89:
    print("B 입니다.")
elif score>=70 and score<=79:
    print("C 입니다.")
elif score>=60 and score<=69:
    print("D 입니다.")
elif score>=0 and score<=59:
    print("F 입니다.")
else:
    print("점수를 잘못 입력하였습니다.")
```

9-2. 합격/불합격 판정하기

```
score = int(input("점수를 입력하세요."))

if score>=90 and score<=100:
    print("합격입니다.")
elif score>=0 and score<90:
    print("불합격입니다.")
else:
    print("성적 입력 오류!")
```

10장. 반복문 : while문

10-1. 100에서 200까지의 정수 합계 구하기

```
n = 100
count = 0

while n<=200:
    count = count+n
    n = n+1

print("100에서 200까지의 합은 "+str(count)+"입니다.")
```

10-2. 1에서 100까지의 홀수 합계 구하기

```
n = 1
count=0

while n<=100:
    if n%2==1:
        count=count+n
    n=n+1

print("1에서 100까지 중 홀수의 합계는 "+str(count)+"입니다.")
```

10-3. 1에서 1000까지의 3의 배수 합계 구하기

```
n = 1
count = 0

while n<=1000:
    if n%3==0:
        count=count+n
    n=n+1

print("1에서 1000까지 중 3의 배수 합계는 "+str(count)+"입니다.")
```

10-4. 1에서 10000까지의 수 중 5의 배수가 아닌 수의 합계

```
n = 1
count = 0

while n<=10000:
    if n%5!=0:
        count=count+n
    n=n+1

print("1에서 10000까지 중 5의 배수가 아닌 수의 합계는 "+str(count)+"입니다.")
```

11장. 반복문 : for문

11-1. 1에서 1000까지의 수중 3의 배수나 5의 배수가 아닌 수의 합계

```
count = 0

for i in range(1,1001):
    if i%3!=0 and i%5!=0:
        count = count+i
        print(i)

print("1에서 1000까지 중 3의 배수나 5의배수가 아닌 수의 합계는
"+str(count)+"입니다.")
```

11-2. 휴대폰 번호에서 하이픈(-)를 슬래시(/)로 치환하기

```
phone = input("-을 포함한 휴대폰 번호를 입력하세요.")

for i in phone:
    if i!='-':
        print(i,end="")
    else:
        print("/",end="")
```

index
인덱스

한글

영어